新农科背景下智慧农业系列重点教材

工程光学实验与智慧农业应用

谭佐军　程其奕　刘玉红　编著

中国教育出版传媒集团
高等教育出版社·北京

内容提要

本书是根据工程光学基础理论的重要知识点及其在智慧农业领域中的应用编写而成的。本书从工程化应用基础训练角度出发，共分为四章。第一章介绍基本实验认知方面的知识。第二章为工程光学基础实验，内容包括几何光学和物理光学范畴的15个实验项目，涵盖了几何光学的基本定律和成像概念，理想光学系统，光线的光路计算及光学系统的像质评价和像差测量，光学设计以及物理光学中的光的干涉、光的衍射、光的偏振和晶体光学理论基础等相关实验。第三章为光学设计与仿真，内容包括基于ZEMAX软件的光学系统设计实例，COMSOL Multiphysics软件、TracePro软件、MATLAB软件的应用实例。第四章为智慧农业应用实例，内容包括当前智慧农业应用场景中涉及的光学系统设计，这些实验强调培养学生的实验和实践技能、创新意识及解决实际问题的综合能力，达到针对工程光学课程的系统性训练的目的。

本书可用于高等学校光电信息科学与工程、测控技术与仪器、应用物理学、生物医学工程等专业的工程光学、基础光学的实验课程教材，作为支撑智慧农业课程教学及专业建设的实验课程教材，也可供相关学生及技术人员参考。

图书在版编目（CIP）数据

工程光学实验与智慧农业应用 / 谭佐军，程其娈，刘玉红编著. --北京：高等教育出版社，2022.8

ISBN 978-7-04-058405-9

Ⅰ.①工… Ⅱ.①谭… ②程… ③刘… Ⅲ.①工程光学-实验-应用-农业技术-高等学校-教材 Ⅳ.①S

中国版本图书馆CIP数据核字（2022）第046750号

GONGCHENG GUANGXUE SHIYAN YU ZHIHUI NONGYE YINGYONG

策划编辑 马天魁 责任编辑 高聚平 封面设计 李卫青 版式设计 童 丹
责任绘图 黄云燕 责任校对 刘丽娴 责任印制 耿 轩

出版发行 高等教育出版社
社 址 北京市西城区德外大街4号
邮政编码 100120
印 刷 河北信瑞彩印刷有限公司
开 本 787mm×1092mm 1/16
印 张 10.5
字 数 230千字
购书热线 010-58581118
咨询电话 400-810-0598
网 址 http://www.hep.edu.cn
http://www.hep.com.cn
网上订购 http://www.hepmall.com.cn
http://www.hepmall.com
http://www.hepmall.cn
版 次 2022年8月第1版
印 次 2022年8月第1次印刷
定 价 28.10元

物 料 号 58405-00

前　言

光是生命存在的先决条件，光是观察绚烂世界的媒介，光改变着人类的生活，光改变着世界。光学工程伴随着人类文明的进步而逐步发展，几何光学、波动光学、量子光学及非线性光学等理论体系揭示了光的本质、光的传播以及光与物质相互作用的关系，为人类进步与科学发展做出了重大贡献。光学工程拓展了人的视觉能力，建立了以望远镜、显微镜、照相机、光谱仪和干涉仪等为典型产品的光学仪器工业。随着激光技术和光电子技术的发展，光学工程已发展成为以光学为主，与信息科学、能源科学、材料科学、生物科学、农业科学、空间科学、精密机械设计与制造、计算机科学及电子技术等学科紧密交叉和相互渗透的学科。现代光学正大踏步地向光子学迈进，光学进入光子学时代后，主要研究光子的产生、传输、控制、探测及其与物质的相互作用。借助光子技术光学将使土地更加肥沃、葡萄更加香甜、食品更加安全，光学工程相关技术在农业领域将会有更加广阔的应用空间。随着新一代信息技术全面向农业生产、经营、管理和服务领域渗透和应用，智慧农业已成为未来农业发展的方向。为主动应对新一轮科技革命与产业变革，我国高等教育领域先后提出新工科、新农科建设等系列重要改革举措，将多学科交叉融合作为新工科、新农科建设的核心内容之一，这是高校培养创新人才的有效途径。

工程光学实验是一门光电信息科学与工程、测控技术与仪器、应用物理学等专业的实践性专业核心课，其在支撑学生在研究生阶段从事科学研究和今后从事实际二作方面，起着工具性作用，占有重要地位，是培养光电信息科学与工程等专业学生的实验能力和对学生进行创新思维训练的重要途径。

为了彰显农林院校光电类专业的错位发展和特色传承，培养懂农业的出类拔萃的复合型工程人才，我们秉承以“有趣、有度、有用、有味”为导向，主动性提升与创造力培养并重的理念，编写了这本针对农林院校光电类专业的工程光学实验教材。有趣——着力于激发学生的学习兴趣和科学创意；有度——着力于培养学生的独立实验能力，培养学生的观察、质疑、研究、应用的能力；有用——着力于加强实验项目与现代农业、生活实际的紧密联系；有味——着力于通过学习参与感及主动性的提升来增强学生学习后的回味，强化学生的科学素养，在实践教学环节中渗透育人元素。本书精心筛选了几何光学和物理光学范畴的15个实验项目，介绍了ZEMAX软件的光学系统设计实例以及COMSOL Multiphysics软件、TracePro软件、MATLAB

软件的应用实例，并介绍了6个当前智慧农业应用场景中涉及的光学系统设计实例。

在本书付梓之际，我们感谢高等教育出版社的编辑们为本书的出版所做的具体指导和付出的辛勤劳动。

编写一本新教材，是一项艰苦而又复杂的工作。有赖于持续的改革实践和长期的研究探索，教材才能日臻完善，我们所做的工作只是抛砖引玉。由于编者水平有限，时间紧迫，书中难免有错误和疏漏之处，我们热切希望同行及读者批评指正。

编者

2021年12月

目 录

绪论

光学是物理学中古老的学科之一，经典光学的理论和实验方法促进了人类科技的进步。而在科技高速发展的现今，光学仍然是活跃的前沿阵地之一，其不断更新的研究成果和实验技术在天文、化学、生物、医学、国防等领域都有着非常重要的影响，具有强大的生命力和不可估量的发展前途。

一、光学的发展历程

随着人类对自然的认识不断深入，光学的发展大致经历了萌芽时期、几何光学时期、波动光学时期、量子光学时期和现代光学时期这 5 个时期。光学的起源可以追溯到三千年前，春秋战国时期墨子及其弟子所著的《墨经》中就记载了光的直线传播、镜面反射等现象，并提出了一系列的实验规律，这是有关光学知识的最早记录。西方也有关于光学知识的早期记载，欧几里得（Euclid，约公元前 330—前 275 年）所著的《反射光学》中研究了光的反射，提出了反射定律。此后，包括折射在内的很多光学现象被讨论，到 16 世纪初，凸透镜、凹透镜、眼镜、暗箱和幻灯等光学元件已相继出现，这些推动了实验光学的进一步发展。

荷兰人李普塞（Lippershey）于 1608 年发明了第一架望远镜，此后，望远镜和显微镜的设计和制造技术迅速发展。折射定律和反射定律被相继发现，标志着光学由萌芽时期发展到几何光学时期。以牛顿为代表人物的光的微粒理论和以惠更斯为代表人物的光的波动理论在此后的一百年内不断争论，直到 19 世纪初，托马斯·杨的“杨氏双缝实验”解释了光的干涉现象，他初步测定了光的波长，并提出光是一种横波。1815 年，菲涅耳对惠更斯原理进行了补充，利用波动说解释了光的传播和衍射现象，至此光学进入了波动光学时期。此后，通过光与电磁场的内在联系，光的电磁理论基础被正式确立，该理论指出光是一种电磁波。

1905 年，爱因斯坦发展了光的量子理论，成功解释了光电效应，提出了光的波粒二象性，至此光到底是“波动”还是“粒子”的争论得到了解决。1960 年，第一台红宝石激光器被制作出来，同年氦氖激光器也被研制出来，此后半导体激光器和可调谐染料激光器相继被研制出来，光学开始进入一个新的发展时期，成为现代物理学和现代科学技术前沿的重要组成部分。

在光学的不断发展中，为了满足现代化生产、科学实验的要求，传统光学仪器也在向现代光学仪器发生转变。光学仪器逐渐朝着集光、电、机等于一体的智能化方向发展，利用新技术与新器件制造的光学仪器不断问世，光学仪器产品朝着小型化、自动化、网络化等方向高速发展。

二、工程光学实验的内容、目的和意义

工程光学实验作为光电信息科学与工程专业学生的专业实验课，是后续光学实验课程教学的基础。作为基础的工程光学实验课，重点在于使学生学习和掌握光学实验的基础知识、基本方法和基本实验技能，通过研究一些基本的光学现象，加深对经典光学理论的理解，提高对实验方法和技术的认识。学生通过工程光学实验课程的学习，可

以对光学仪器的基本操作有所了解，有助于理解工程光学的概念，增强科研创新能力，提高团队合作能力。

1. 工程光学实验课的目的

（1）学习实验知识方法：通过对实验现象的观察、分析和对物理量的测量，学习光学实验相关知识和设计思想，掌握和理解相关理论。

（2）培养实验技能：借助教材或仪器说明书正确使用常用光学仪器和元件，并能根据要求搭建简单的光学系统；运用相关理论对实验现象进行初步的分析判断；正确记录和处理实验数据，绘制实验曲线，说明实验结果，撰写合格的实验报告；能够根据实验目的选择光学元件和仪器，设计出合理的实验。

（3）提高实验精神素养：培养理论联系实际和实事求是的科学作风，严肃认真的工作态度，主动研究和创新的探索精神，遵守纪律、团结协作和爱护公共财产的优良品德。

2. 工程光学实验课的意义

工程光学实验课不同于一般的探索性的科学实验研究，每个实验题目都经过精心设计、安排，与工程光学理论课结合紧密。学生通过工程光学实验课的学习，可以了解基本光学元件的作用、使用方法、装配方法，掌握基础光学仪器的使用规范，能根据要求选择元器件并搭建简单的光学系统，熟悉常用大型光学仪器的操作，获得基本的光学实验知识，在实验方法和实验技能诸方面得到较为系统、严格的训练。工程光学实验是光学实验的起步，同时在培养学生的良好素质及科学世界观方面，也起着潜移默化的作用。

三、光学实验遵循的原则

学生做光学实验除了需要遵循实验的基本原则之外，由于实验仪器和实验方法的特殊性，在实验过程中还需要注意以下几个原则。

1. 实验仪器的使用

（1）学生在熟悉仪器性能和使用方法之后，方能对其进行使用和操作。光学实验虽然危险性不大，但是如操作激光不当等仍然会产生严重后果。此外光学仪器中存在易碎件和微小件，如果不注意使用方法很容易造成仪器的损坏。

（2）学生在搬运和移动仪器的过程中，要注意轻拿轻放。部分精密光学仪器内部构造复杂，元件易碎或者易移位，如果在搬运和移动仪器的过程中存在冲击、碰撞和震动，很容易造成仪器需要重新调节或者无法使用。所以**光学系统和大型仪器，如非必要不要移动，**如果需要移动，请在专业人员的指导下进行。

2. 光学元件的使用

（1）明确元件用途和存放条件。学生在使用光学元件的时候，需要区分清楚不同光学元件的用途，不要误用或者混用。注意光学元件的使用条件，例如有些光学元件对光强有要求，超过一定强度的光照可能会损坏该元件。部分光学元件在存放的过程中对湿度和温度都有规定，需要按照元件的存放要求来进行存放。

（2）避免用手直接接触工作面。在拿取和传递光学元件的过程中，**一定不能用手直接触摸工作面**，因为手上的汗渍会腐蚀工作面，造成元件的永久损坏。如果必须手拿光学元件，只能拿它的非工作面，例如棱镜的磨砂面、透镜的外框、柱面镜的顶部和底部。

（3）光学元件的清洁。如果发现光学元件的工作面需要清洁，切勿使用普通纸巾、手帕、衣物等随意擦拭或者用嘴吹，而应该**选用镜头纸擦拭，或者使用洗耳球吹净。**如果光学元件的表面已经被轻微污染，**可以用专用脱脂棉蘸取酒精进行擦拭。**在擦拭的过程中绝对不能使用太大的压力，以免元件的工作面被划伤。

3. 实验操作规范

学生在对光学仪器或光学系统进行调整时，一定要耐心细致，边调整边观察，发现异常要及时反映；尽量避免对着光学平台说话，防止唾液溅落在仪器或元件上；完成实验之后应及时整理实验设备，将元件放回原处，防止污染。

四、工程光学实验的环节

1. 实验预习

学生在实验之前必须认真阅读实验教材和相关资料，明确实验任务、原理、方法和基本的仪器操作规范，了解实验设计思路，并完成预习问题。对于设计型的实验，学生需要根据实验要求拟定实验方案，选择实验仪器，设计实验步骤并拟好数据表格。预习的好坏是实验能否顺利进行的关键。

2. 实验操作

（1）课堂讲解和讨论。学生根据预习实验所了解的实验原理、内容和要求，进行分组讨论，对实验中的难点向指导老师询问，认真听指导老师讲解实验重难点和仪器操作中需要特别注意的地方，掌握正确的仪器调节和使用方法。

（2）注意仪器的使用。学生根据预习、课堂讲解和讨论了解的使用规范对光学仪器和元件进行选择和使用，在操作过程中遵循正确的调节和操作方法，如果发现异常或仪器故障，应立即停止实验，排除故障后方可进行实验。

（3）做好实验记录。学生在实验测量的过程中需要认真做好实验记录，对于有数据的实验需要记录测量的原始数据，对于观察现象的实验需要记录实验具体现象，做好相应备注，便于测试结束后对数据进行处理和对现象进行分析。

3. 实验报告

学生在实验结束后需要撰写实验报告。实验报告是对实验工作的全面总结，需要按照要求的格式进行书写。实验报告应包含以下几个方面：

（1）实验名称。

（2）实验目的：实验需要测量哪些量或者观察哪些现象，实验为了说明哪些问题。

（3）实验原理：实验设计所依据的理论、实验方法及相关公式推导。如果是设计性实验，需要写出设计思路。

（4）实验仪器：包括实验仪器的型号、规格、参量等。

（5）实验步骤：只写主要步骤，要简明扼要。

（6）实验数据处理或现象分析：对于有实验数据的实验，学生应该对实验数据进行记录和处理，比如计算最佳测量值和相对误差等。对于现象观察类的实验，学生需要写明观察到了哪些现象，验证了哪些物理规律。

（7）实验分析讨论：分析实验结果，包括产生误差的原因、实验中可改进的地方、实验后的体会等。

（8）参考资料：可自行在网上搜索实验相关视频、文献等，写明参考资料来源。

4. 实验室规则

（1）学生进入实验室，带上记录实验数据的表格及完成指定的课前预习内容和预习报告，经教师检查同意后方可进行实验。

（2）遵守课堂纪律，保持安静的实验环境。

（3）学生使用电源时，务必经过教师检查线路后才能接通电源。

（4）爱护仪器。学生进入实验室后，不能擅自搬弄仪器，实验中严格按仪器说明书操作，如有损坏，照章赔偿。用完公用工具后应立即归还原处。

（5）做完实验，学生应将仪器整理还原，将桌面和凳子收拾整齐，清扫地面，经教师审查测量数据和仪器还原情况并签字后，方能离开实验室。

（6）实验报告应在实验后一周内交实验室。

五、实验数据处理和结果分析

1. 数据处理方法

（1）列表法：将数据列成表格，可以简单明了地表示出各种物理量之间的关系，也容易发现问题。列表时注意标明表格名称、物理量名称和单位，记录数据时应忠实于原始数据，注意有效数字。

（2）作图法：作图可以把一系列的关系或者其变化情况直观表示出来，将复杂的问题简单化，能清楚反映物理量的变化规律，易于找出对应的函数关系，求出经验公式。学生在作图的时候要注意坐标图名称、横纵轴物理量、单位的标识，注意标度的选取，使得图像能均匀地铺满整张图纸。

（3）逐差法：逐差法是数据处理中一种常用的方法，逐差法是针对自变量等量变化，因变量也做等量变化的情况，所测得的数据等间隔相减后取其逐差平均值得到的结果，能有效提高实验数据的利用率，减小随机误差的影响。具体计算方法是将测量结果的偶数个测量数据平均分成两组，将两组数据中对应项求差，然后取平均值，公式如下：

$$\overline{x}=\frac{1}{n}\sum_{i=1}^{n}(x_{i+n}-x_i)$$

（4）最小二乘法：最小二乘法是一种数学优化技术。它通过最小化误差的平方和寻找数据的最佳函数匹配。利用最小二乘法可以简便地求得未知的数据，并使得这些求得的数据与实际数据之间误差的平方和为最小。最小二乘法还可用于曲线拟合，找出一条最佳曲线使得曲线和测量值之间的偏差最小。以直线的拟合为例，若实验测得一组数据（x_i，y_i），需要找出一条最佳直线使得线上对应的坐标 $\hat{y}_i=kx_i+b$ 与实验值 y_i 偏差的平均平方和最小，则所对应的 k 和 b 可通过以下公式求出：

$$k=\frac{n\sum x_i y_i-\sum x_i\sum y_i}{n\sum x_i^2-(\sum x_i)^2}$$

$$b=\sum\frac{y_i}{n}-k\sum\frac{x_i}{n}$$

2. 测量结果的表示

测量结果应该包括数值、单位及结果可信赖程度，并按照以下格式书写：

$$\text{百分偏差} = \frac{|\text{测量平均值} - \text{理论计算值}|}{\text{理论计算值}} \times 100\%$$

$$x(\text{测量值}) = \bar{x}(\text{测量最佳值}) \pm \sigma(\text{不确定度})$$

其中不确定度分为反映偶然误差的A类不确定度和反映系统误差的B类不确定度。B类不确定度由生产厂家给出或由实验室结合具体测量条件约定。

（1）直接测量结果的表示

对于直接测量而言，测量最佳值就是测量平均值，即 $\bar{x} = \frac{1}{n}\sum_{i=1}^{n} x_i$，而A类不确定度的计算公式如下：

$$\sigma_A = \sqrt{\frac{\sum_{i=1}^{n}(x_i - \bar{x})^2}{n(n-1)}}$$

（2）间接测量结果的表示

假设间接测量结果 N 是直接测量结果 x、y、z 的函数，即 $N=f(x,y,z)$，则 N 的测量最佳值是将直接测量结果的算术平均值代入函数式计算，即 $\bar{N} = f(\bar{x},\bar{y},\bar{z})$。

如果 N 为和差函数，那么A类不确定度计算公式为

$$\sigma_A = \sqrt{\left(\frac{\partial f}{\partial x}\right)^2 \sigma_x^2 + \left(\frac{\partial f}{\partial y}\right)^2 \sigma_y^2 + \left(\frac{\partial f}{\partial z}\right)^2 \sigma_z^2}$$

如果 N 为积商函数，那么A类不确定度计算公式为

$$\sigma_A = \bar{N}\sqrt{\left(\frac{\partial \ln f}{\partial x}\right)^2 \sigma_x^2 + \left(\frac{\partial \ln f}{\partial y}\right)^2 \sigma_y^2 + \left(\frac{\partial \ln f}{\partial z}\right)^2 \sigma_z^2}$$

3. 结果分析方法

部分工程光学的实验只需要观测现象，不需要测量数据，对于这些实验，需要记录观察到的现象并对现象进行分析，需要说明实验条件、进行的操作和调整、观察到的现象、现象的变化等，必要的时候需要画图进行说明。根据实验原理对观察到的现象进行分析，阐明现象形成和变化的原因，以及其背后所揭示的物理原理，并说明观察到的现象和理想情况的差别，分析产生差别的原因。

4. 常用数据处理软件

Excel

Excel是微软公司开发的一款电子表格软件，它具备直观的界面、出色的计算功能和图表工具。我们利用Excel可以方便地记录数据和分析数据，还能处理数学公式、文本并作图。

（1）数据的计算：Excel能进行数据的自动计算与排序，其内置有处理数据的常用函数，例如求和（SUM）、计算平均数（AVERAGE）、求最大值（MAX）等，并且可以在单元格中自定义函数表达式，用以快速计算测量结果。

（2）作图：Excel可以非常方便地对数据进行图形绘制和分析，能将输入的测量数据用直方图、曲线图、饼图等各种图形进行直观的表示，并能对图形中的数据进行拟合。

MATLAB

MATLAB 是一种功能强、效率高、便于进行科学和工程计算的交互式软件，可进行数值分析、矩阵运算、数字信号处理、建模、系统控制和优化等，并且集应用程序和图形于一体。MATLAB 的统计工具箱可以进行常用数据的工程和科学统计，包括各种概率分布、参数估计与假设检验、线性模型与非线性模型分析、多元统计分析、实验设计等，不仅提供了大量的概率和统计的数值计算函数，同时提供了许多交互式图形工具函数以方便用户分析设计。

（1）数据的计算：MATLAB 中含有很多常用统计函数，比如算数平均数（mean）、平均绝对偏差（mad）、标准差（std）等，通过编程能实现数据的处理和计算。

（2）作图：MATLAB 含有丰富的图形表现函数，包含多项式拟合（polyfit）、最小二乘拟合（lsline）、多元线性回归（regress）等，能充分直观地展现样本及统计量的内在规律，并且能对图形进行拟合和分析。

在工程光学实验中还涉及 ZEMAX、COMSOL、TracePro 等软件的使用，此外还有很多计算软件也能对测量数据进行记录、计算、拟合和分析。在数据处理的过程中学习和掌握不同软件的使用，选择合适的软件，也是工程光学实验课程非常注重培养的能力。

第一章　基本实验认知

1.1 常用光学元件与光学仪器

1.1.1 常用光学元件

光学元件是光学实验中的基本部件，通常有透镜、反射镜、分光镜、滤光片、棱镜等。复杂的光学系统都是由简单的光学元件组成的。

1. 透镜

透镜（lens）是光学系统的最基本单元，它是两个折射面包围一种透明介质所形成的光学元件。透镜依据两个光学表面的曲度来分类，双凸透镜（或是凸透镜）的两面都是突起的。两面都是凹陷的透镜称为双凹透镜（凹透镜）。如果有一个表面是平坦的，那么这个透镜称为平凸透镜或平凹透镜，具体要由另一个表面的曲度来决定。一个表面凸起，另一个表面凹陷的透镜称为凹凸透镜。双胶合透镜是将两个透镜胶合在一起得到的透镜，双胶合透镜具有短焦长、大放大率和成像质量较好的特点，在天文望远镜和照相机中广泛使用。图 1.1.1 为不同形状的透镜。

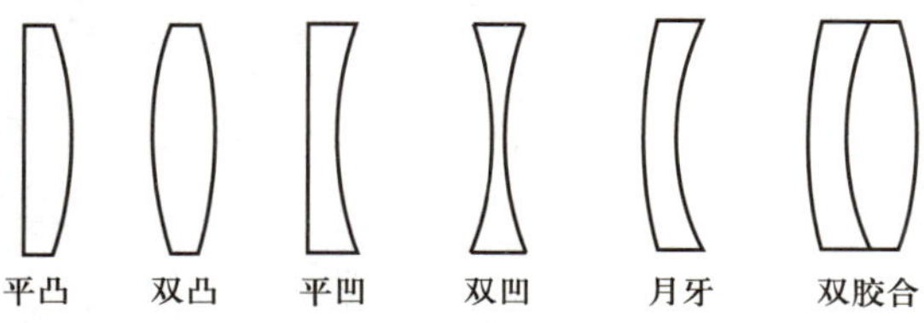

图 1.1.1　不同形状的透镜

一束平行于透镜光轴的光线通过双凸透镜或者平凸透镜后将会聚于光轴上，会聚点 F' 即该透镜的焦点，与透镜的距离为焦距 f'，如图 1.1.2（a）所示，这种透镜也称为“正透镜”“会聚透镜”。一束平行于透镜光轴的光线通过双凹透镜或者平凹透镜后将会在透镜后方发散，将发散光的延长线与光轴相交，其交点 F' 为该透镜的焦点，像方主平面到焦点 F' 的距离为它的焦距 f'，这种透镜也称为“负透镜”“发散透镜”，如图 1.1.2（b）所示。如果是凹凸透镜，对光线是发散或会聚取决于两个曲面的相对曲率，如果曲率相等，则光线既不发散也不会聚。

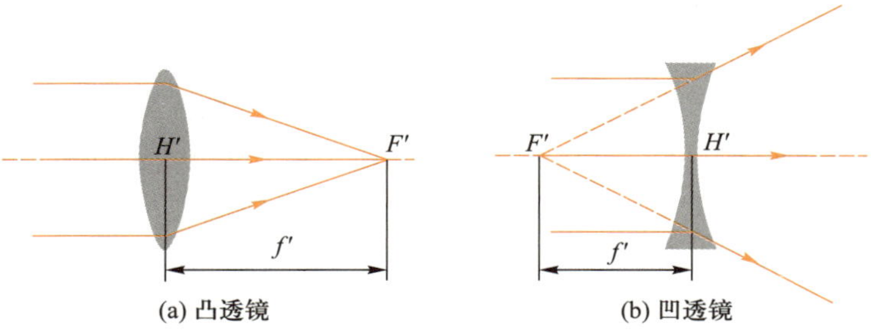

图 1.1.2　透镜的焦点和焦距

如果透镜有一定厚度，那么像方主点与物方主平面不重合。薄透镜厚度较小，一般采用均匀的光学材料制成，其直径用 D 表示。在光学实验中，f'/D 定义为透镜的"F 数"，即光圈数，D/f' 定义为相对孔径，因此，光圈数与相对孔径互为倒数。

在实际工程使用中，透镜的种类繁多，有球面透镜、消色差透镜、非球面透镜和柱面透镜等，通常起到成像、准直、进行傅里叶变换等作用。为了提高光的透射率，透镜表面一般都涂有增透膜，因此在操作过程中禁止用手直接触摸透镜表面。我们在搭建光学系统时，**通常不能直接使用没有边框和支架的透镜，需要和配套的镜架进行组合安装。**光学透镜的基底有很多种，包括 N-BK7（一种光学玻璃）、紫外级熔融石英、氟化钙、氟化镁、硒化锌、锗和硅。应用时，针对特定光学系统选择适当的透镜非常重要，比如球面单透镜是最便宜的透镜，但是它们会产生球差和其他单色像差，它们的色差会降低宽带光的最佳性能，消色差透镜就是校正色差的理想选择，非球面透镜可实现最佳的像差校正。

2. 反射镜

反射镜（reflective mirror）往往用于转折光路，反射镜按形状可分为平面反射镜、球面反射镜和非球面反射镜三种，在实验中常用的是平面反射镜。平面反射镜的孔径大小、平面度及镀膜都是有一定要求的。孔径大小由所转折的光束直径确定。反射镜的直径可以如图 1.1.3（a）所示确定。

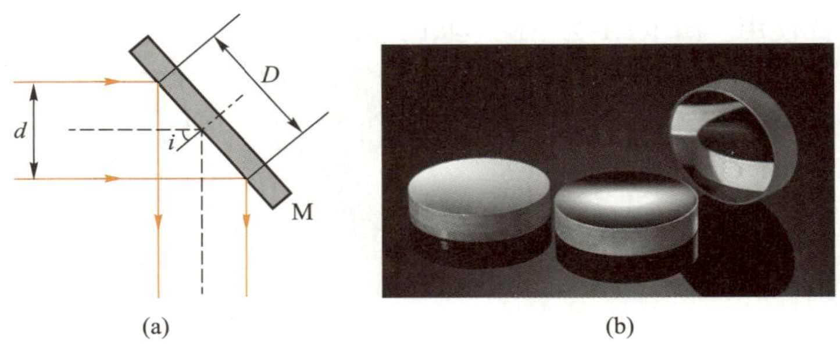

图 1.1.3 平面反射镜

图 1.1.3（a）中，d 为光束直径，光束光轴与反射镜面的法线夹角为 i，则反射镜的直径为

$$D=\frac{d}{\cos i}$$

实验用的反射镜和日常生活中的镜子有着很大的差别，日常生活中的镜子是在玻璃基底下镀膜，当光入射到普通反射镜的玻璃基底上的时候会在上下表面都发生反射，引入杂散光，而且反射光的损失很大。为了消除这些影响，光学实验所用的反射镜都是在玻璃基底前表面镀制多层反射膜的高反射率反射镜[图 1.1.3（b）]，因此**反射镜表面绝对不能用手直接触摸或者随意摩擦。**反射膜通常有金属反射膜和多层介质反射膜两类。金属反射膜是真空镀铝后外加一层一氧化硅薄膜，或者真空镀铝后经阳极氧化加固。这类膜不存在明显色散，其反射比几乎不受入射角影响，但是反射比不够高，使用时光能损失较大，擦拭时也容易出现划痕。多层介质反射膜通常是在玻璃基片上交替蒸镀氟化镁和硫化锌膜系，或者交替蒸镀氧化钛和一氧化硅膜系，这可以是单层、3 层或

者19~21层。这类膜的反射比超过99%，但是其反射比与光的波长和入射角密切相关，垂直入射时反射比最高，随着入射角的增大，反射比迅速下降，当入射角大于45°时，反射比迅速下降为0。此外，反射镜的工作光强也有限制，在照明光是激光的实验中，需要选用激光反射镜，因为激光的光强很强，直接照射会对普通反射镜表面造成不可逆损伤。我们在搭建光学系统时，**通常不能直接使用没有边框和支架的反射镜，需要和配套的镜架进行组合安装。**

3. 分光镜

分光镜（spectroscope）可将入射光束分为具有一定光强比的两束光，如图1.1.4所示。通过调整其角度，分光镜也能将入射光分成两束有一定夹角的光，但反射光会存在多个反射点的情况，因此在精度要求不高的实验中可以使用分光镜。

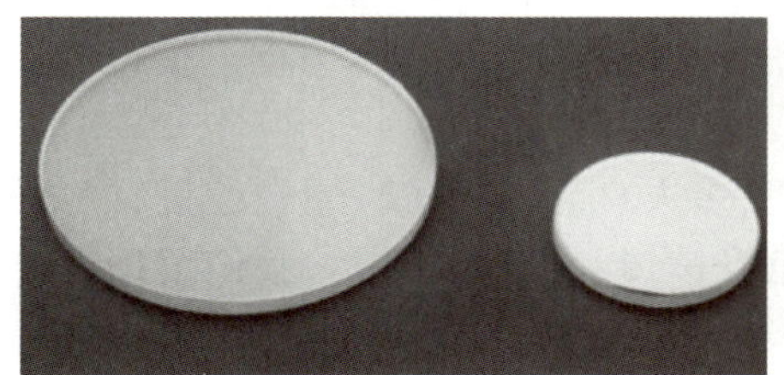

图1.1.4　分光镜（左）和分光棱镜（右）

分光镜和分光棱镜

在搭建光学系统时，**没有边框和支架的分光镜通常不能直接使用，需要和配套的镜架进行组合安装。**分光棱镜由一对高精度直角棱镜胶合而成，其中一块棱镜的斜面上镀有多层介质分光膜，当入射光照射在分光棱镜上时，入射光在胶合面被分成两束光。分光棱镜还能进行偏振分光，使得分出的两束光的偏振态互相垂直。分光棱镜的反射只有一个反射点，精度更高，但是由于棱镜面的限制，其反射光和透射光的夹角只能在一定范围内调节。**分光棱镜在使用时只能用手触摸顶部和底部的磨砂面，绝对不能用手触摸工作面，且需要和配套的棱镜镜架进行组合安装。**

4. 滤光片

滤光片是能够从白光或其他复色光分选出一定的波长范围或某一准单色辐射成分（光谱线）的光学元件。各种滤光片可以按所利用的不同物理现象分类，其中以吸收滤光片和干涉滤光片两种类型最为常见。

（1）吸收滤光片

这是利用化合物基体本身对辐射具有的选择吸收作用制成的滤光片。常用材料是无机盐制成的有色玻璃或者有机物质制成的明胶和塑料。

透射率是滤光片的重要参数。若φ_0是入射光通量，φ是经过滤光片的透射光通量，则透射率$T=\varphi/\varphi_0$。

有色玻璃滤光片通常稳定、均匀，有良好的光学质量，但其通带较宽（很少低于30 nm），选用两片（或三片）不同型号的有色玻璃组合起来，可以获得较窄的通带。有机物质滤光片容易制作，便于切割，但是其机械强度和热稳定性较差。

（2）干涉滤光片

干涉滤光片的显著优点是既有窄通带，同时又有较高透射率。常见的透射干涉滤光片利用多光束干涉原理制成。一种最简单的结构是:在一块平面玻璃板上先镀一层反射率较高的金属膜,然后镀一层介质膜,在这层介质膜上再镀一层金属反射膜,最后盖封一块平面玻璃板。使光束垂直通过滤光片,则直接透过的光束与经金属膜两次反射后再透过的光束之间的光程差为 $\Delta=2nd$,其中 n 为介质的折射率,d 为膜的厚度。根据干涉条纹的明暗条件,$\Delta=2nd=k\lambda$,$k=\pm1, 2, 3, \cdots$,则 $\lambda=2nd/k$,因此,该波长的透射光都是干涉加强的,其他接近此波长的透射光急剧减弱。如果以多层介质膜取代上述金属膜,则可获得高透射率的窄带滤光片。选择普通吸收滤光片做干涉滤光片的基板(保护板)还可以控制透射光的截止区域。

干涉滤光片的主要光学性能由中心波长 λ、通带半宽度 $\Delta\lambda$ 和峰值透射率决定。

5. 棱镜

棱镜主要是一种由两两相交但彼此均不平行的平面围成的透明物体,用以分光或使光束发生色散;棱镜不仅可以使光线偏折,还可以用来调整图像方向。棱镜的加工材料有很多种,如石英、氟化钙、硒化锌、锗等。

棱镜分为直角棱镜、立方棱镜、五角棱镜、多夫(道威)棱镜、屋脊棱镜、楔角棱镜、斜方棱镜、折返棱镜(图 1.1.5)、保罗棱镜、角锥棱镜、半五角棱镜。我们根据需要对每个棱镜进行光学镀膜。

折返棱镜

图 1.1.5 折返棱镜

1.1.2 常用光学仪器

1. 光具座

光具座是一种多功能的通用光学仪器,包括导轨、滑块和各种光学元件。一台性能良好的光具座,其导轨的长度较长,平直度和同轴性较好,滑块支架的平稳性较好。光具座可用于光学零件的几何特性参数和光学特性参数、光学系统的光学特性参数、系统的像差和像质评价等多种项目的测量。

在光具座上调节光学系统,必须满足以下 3 点:

(1)光具座水平

调节光具座底角的水平调节螺钉(借助水平尺),使光具座水平。

(2)共轴

调节光学系统中各光学元件的光轴,使之共轴,并让物体发出的成像光束满足近轴光线的要求。

（3）等高

因为成像公式中的各段距离，都是指光学系统共轴上的距离，所以要从光具座轨道上的读数求出符合实际的距离，必须做到光学系统的光轴和光具座导轨的基线平行——简称等高。调节光学系统各元件的共轴等高，是光学实验中的一项基本要求，必须很好掌握，一般的调节可分粗调和细调两步进行。

粗调：先把物、透镜、像屏等元件放置于光具座上，依次检查并调整物、透镜及像屏的中心，使各元件的中心大致在与导轨平行的同一条直线上，并使物平面、像屏平面和透镜平面相互平行且垂直于光具座导轨。

细调：在粗调基础上，按照成像规律或借助其他仪器做细致调节，如二次成像法测凸透镜焦距的实验光路，常用于光具座的共轴调节。当透镜移动到两个适当位置，使正立箭头在接收屏上分别成大小两个清晰的倒立实像时，若此二像的尾端在屏坐标的同一位置，它们就与物箭头的尾端同在平行于导轨的主光轴上（轴上物点成像不离轴）。以此为基准，我们可将物方某点调到主光轴上，或对另一透镜做共轴调节。

2. 光学平台

光学平台，又称光学面包板、光学桌面、科学桌面、实验平台，它是供稳定的水平台面，标准光学平台基本组件包括顶板、底板、侧面精加工贴脸、侧板、蜂窝芯、密封杯等，如图 1.1.6 所示。光学平台一般具有全钢结构，包括厚为 5 mm 的顶板和底板以及厚为 0.25 mm 的精密加工的焊接钢制蜂窝芯。蜂窝芯通过精确的压膜工具制成，通过焊接平垫片保证其几何间距。平台和面包板中的蜂窝芯结构从顶板一直延伸到底板，中间无过渡层，从而构成更加坚固、热稳定性更强的平台产品。光学平台最主要的一个目标是消除平台上任意两个以上部件之间的相对位移。

图 1.1.6 光学平台

3. 平行光管

平行光管主要是用来产生平行光束的光学仪器，是装校调整光学仪器的重要工具，也是光学量度仪器中的重要组成部分。如图 1.1.7 所示，它通常由光源、毛玻璃、分划板和物镜构成，光源被毛玻璃匀化之后照亮分划板，分划板上每一点发出的光经过物镜后成为平行光。分划板上根据需要刻有不同的分划线或者图案，这些刻线或图案将成像在无限远处，装配不同的分划板，与其他元件组合之后可以用来测量透镜组的焦距、评价成像质量等。

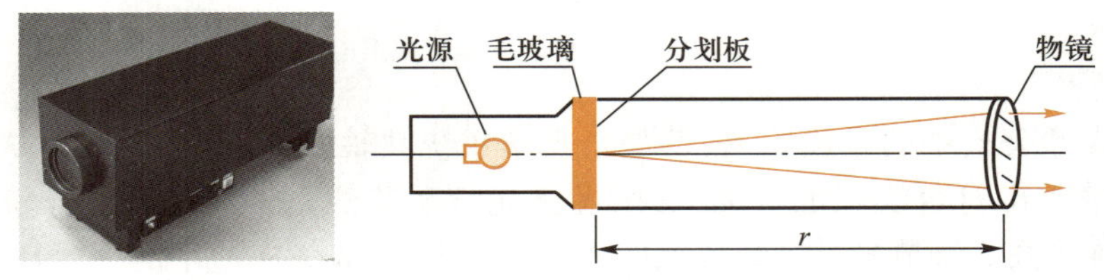

图 1.1.7 平行光管

如图 1.1.8 所示，分划板通常有如下类型：

（1）十字分划板：调节平行光管的物镜焦距并将十字分划板的十字心调到平行光管的主光轴上，若拿掉十字分划板换上其他分划板，此分划板的中心也在平行光管的主光轴上。

（2）鉴别率板：可以用来检验透镜和透镜组的鉴别率，板上有 25 个图案单元，每个图案单元中平行条纹宽度不同，对 2 号鉴别率板，第 1 单元到第 25 单元的条纹宽度由 20 μm 递减至 5 μm；而对 3 号鉴别率板，第 1 单元到第 25 单元的条纹宽度则由 40 μm 递减至 10 μm。

（3）星点板：星点直径为 ϕ=0.05 mm，通过被检系统后有一衍射像，根据像的形状做光学零件或组件成像质量的定性检查。

（4）玻罗板：它与测微目镜（或读数显微镜）组合在一起使用，用来测量透镜组的焦距。玻罗板上每两条等长线之间的间距有不同的尺寸。

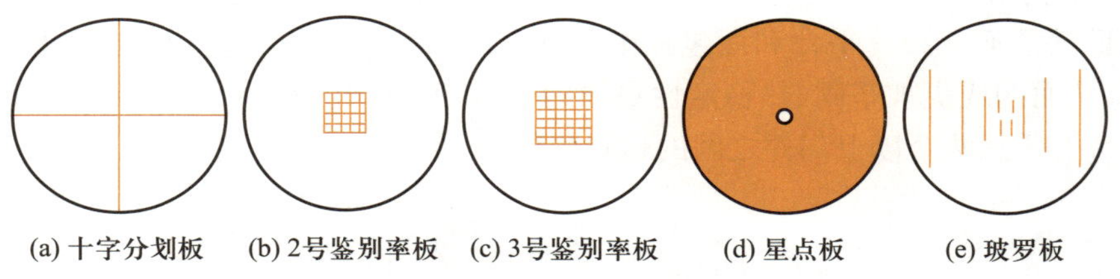

图 1.1.8 平行光管的分划板

4. 测微目镜

测微目镜是用来测量经物镜所成的像（或物体）大小的。测微目镜的结构如图 1.1.9 所示。

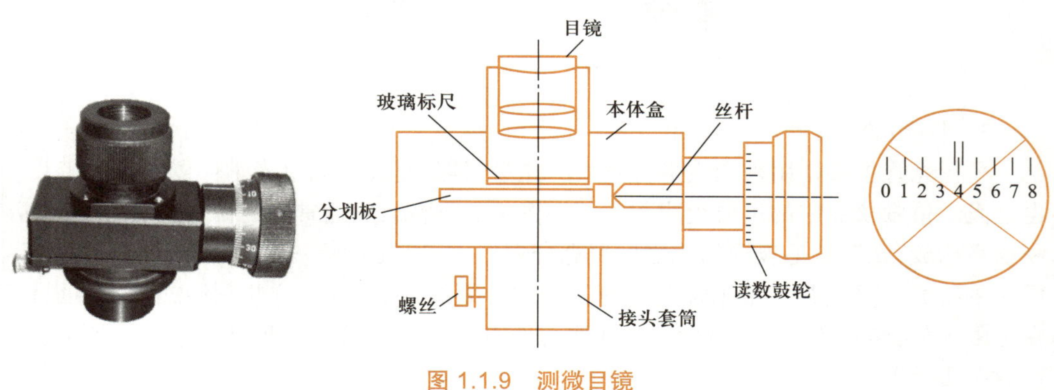

图 1.1.9 测微目镜

带测微装置的目镜，由目镜、分划板、读数鼓轮与连接装置等组成。目镜把叉丝和被观测的像同时放大，其放大倍数不影响测量数据大小，但可以提高测量精度。其读数原理遵循螺旋测微器读数原理，毫米以上的刻度在固定套管上直接读出，毫米以下的刻度在鼓轮上读出。读数鼓轮每旋转一周，叉丝移动 1 mm，鼓轮上有 100 个分格，故每一格对应的读数为 0.01 mm，再估读一位。读数时，我们要注意鼓轮沿同一方向旋转，避免螺纹空隙导致的回程误差。

5. 读数显微镜

读数显微镜是光学精密机械仪器中的一种读数装置，如图 1.1.10 所示，适用于有关计量单位、工厂的计量室或精密刻度车间对分划尺或度盘的刻线进行对准检查和测定工作。

读数显微镜常用作比长仪、测长机和工具显微镜等的读数部件，或作为坐标镗床和坐标磨床等的定位部件，也可单独用于测量较小的尺寸，例如线纹间距、硬度测试中的压痕直径、裂缝和小孔直径等。其分度值有 10 μm、1 μm 和 0.5 μm 几种。在使用过程中，把待测物放置在水平工作台上，调整读数显微镜焦距使得目镜中能看到清晰的待测物的像和标线。旋转测微手轮，使得标线朝一个方向移动，记录移动的距离，就可以得到待测物的大小。其读数方式和螺旋测微器相同。

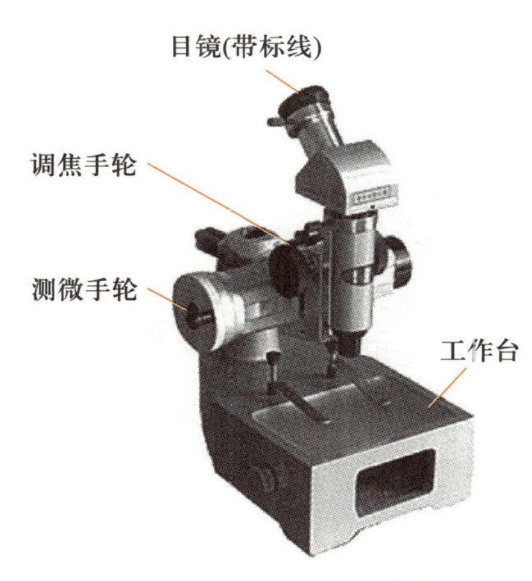

图 1.1.10 读数显微镜

1.1.3 常用光学调整架和支撑系列

光学调整架的种类非常多，包括移动台、电控台、夹持器等。这里只介绍几种比较常用的调整架。

1. 镜片支架

在使用透镜、反射镜、分光镜等镜面的时候，通常情况下是需要和支架组合使用的，镜片支架一般如图 1.1.11 所示，将锁紧螺钉松开之后就可以将镜片放进去，然后再将螺钉拧紧固定镜片。支架对应不同大小的镜片有不同的口径选择。支架后的两个调节旋钮可以精确微调镜面的俯仰角和旋转方向。

2. 干板架

干板架可以牢固夹持板型光学元件，比如白板、干板、标准板等（图 1.1.12），并可以安装在螺旋高度调节架等支架上。将干板架的螺钉拧松，放入板型光学元件之后再拧紧，就可以起到很好的固定作用。对于部分玻璃制板型光学元件，在夹持的时候一定要注意力度，同时要避免异物进入干板架的夹持槽内造成元件的损坏或破裂。

3. 棱镜镜架

棱镜镜架是为了夹持方形棱镜设计的，也可以夹持晶体等其他形状的物体。如

图 1.1.13 所示，棱镜镜架上部的锁紧螺钉松开之后，可以将固定臂上移，放入棱镜，再用固定臂下移压住棱镜并拧紧锁紧螺钉，棱镜镜架底部调节旋钮可以满足俯仰、倾斜和旋转等多种不同方式的调节。

4. 移动台

移动台可以使固定在其上的光学元件进行精确的移动，如图 1.1.14 所示，移动台包括平移台、升降台、俯仰旋转台、旋转台、万向载物台等，种类繁多，能实现各种移动和旋转，并且还能相互组合，使得元件能进行各种复杂精密的位置和角度变化。

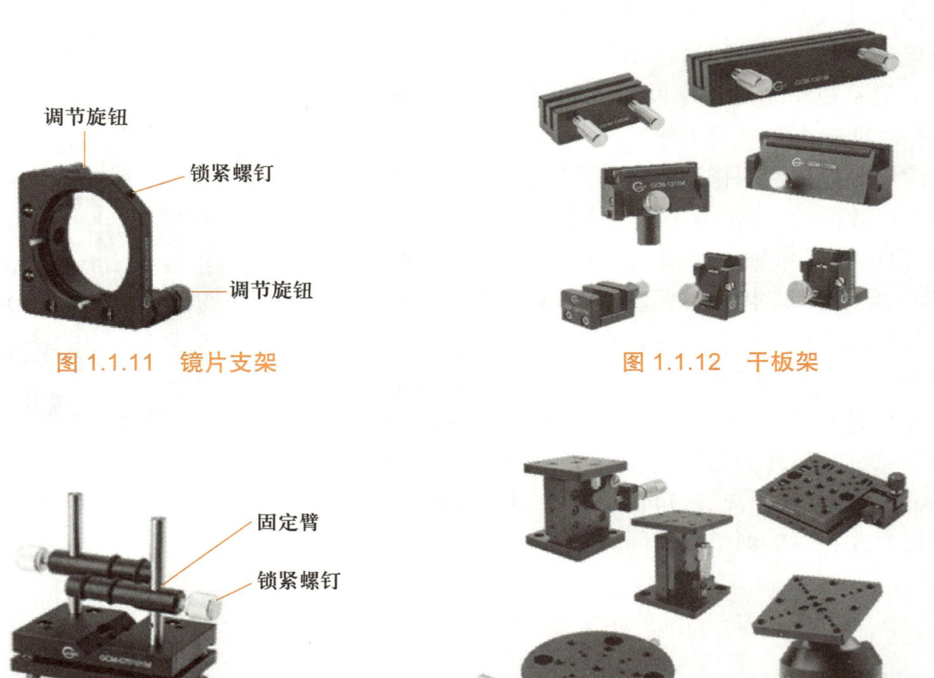

图 1.1.11 镜片支架

图 1.1.12 干板架

图 1.1.13 棱镜镜架

图 1.1.14 移动台

5. 支撑杆

如图 1.1.15 所示，支撑杆包括金属支杆、套筒、螺旋高度调节架、固定套、转接头等各种型号，用以支撑和连接光学元件。在使用的过程中需要注意尺寸配套，在条件允许的情况下为了减小元件的振动，尽量不要使用过长的支撑杆。

6. 底座

如图 1.1.16 所示，实验中常用的底座包括支杆底座和磁性表座。支杆底座没有磁性，支撑杆可以直接固定在支杆底座上，在固定支杆底座时，需要使用螺丝连接支杆底座和光学平台。磁性表座顶部可以直接固定支撑杆，旋转或者拨动磁性表座上的开关至 “on”，就可以使得磁性表座吸附固定在光学平台上，将开关置于 “off” 则没有磁性，此时可以在减震台上移动磁性表座。相比于固定在光学平台上的支杆底座，磁性表座能更方便地在调整光路的过程中灵活移动。

图 1.1.15 支撑杆

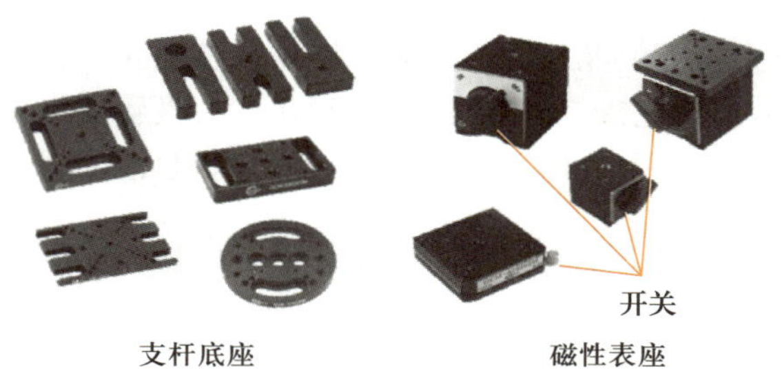

图 1.1.16 底座

1.1.4 常用光源

1. 白炽灯

白炽灯是以热辐射形式发射光能的电光源。它以高熔点的钨丝为发光体,通电后温度约为 2 500 K,达到白炽发光。玻璃泡内抽成真空,充进惰性气体,以减少钨的蒸发。白炽灯的光谱是连续光谱。白炽灯可作为白光光源和一般照明用。使用低压灯泡时,应特别注意是否与电源电压相适应,避免误接电压较高的电插座造成损坏等事故。

2. 汞灯

汞灯是一种气体放电光源。常用的低压汞灯,其玻璃管胆内的汞蒸气压很低(几十到几百 Pa),发光效率不高,是小强度的弧光放电光源,可用它产生汞元素的特征光谱线。GP20 型低压汞灯的电源电压为 220 V,工作电压为 20 V,工作电流为 1.3 A。高压汞灯也是常用光源,它的管胆内汞蒸气压较高(有几个大气压),发光效率也较高,是中高强度的弧光放电灯。该灯用于需要较强光源的实验,加上适当的滤光片可以得到一定波长(例如 546.1 nm)的单色光。GGQ50 型仪器高压汞灯额定电压为 220 V,功率为 50 W,工作电压为(95 ± 15)V,工作电流为 0.62 A,稳定时间为 10 min。

汞灯的各光谱线波长分别为 579.07 nm、576.96 nm、546.07 nm、491.60 nm、435.83 nm、407.78 nm、404.66 nm。汞灯工作时必须串联适当的镇流器,否则会烧断灯丝。为了保护眼睛,请不要直接注视强光源。正常工作的灯泡如遇临时断电或电压有较大波动而熄灭,须等待灯泡逐步冷却,汞蒸气降到适当压强之后才可以重新发光。

3. 钠灯

钠光谱在可见光范围内有 589.59 nm 和 588.99 nm 两条波长很接近的特强光谱线，实验室通常取其平均值，以 589.3 nm（D 线）直接近似为单色光波长使用。此时其他的弱谱线实际上被忽略。低压钠灯与低压汞灯的工作原理相类似。充有金属钠和辅助气体氖的玻璃泡是用抗钠玻璃吹制的，通电后先是氖放电呈现红光，待钠滴受热蒸发产生低压蒸气，很快取代氖气放电，经过几分钟以后发光稳定，射出强烈的黄光。GP20Na 低压钠灯与 GP20Hg 低压汞灯使用同一规格的镇流器。

在使用钠灯和汞灯这种类型的光源时，不要频繁开关，不然会出现发光微弱或发光不稳定的状态，甚至有可能损坏光源。

4. LED

LED（light emitting diode），发光二极管，是一种能够将电能转化为可见光的固态的半导体器件，它可以直接把电能转化为光能。LED 可在电路及仪器中作为指示灯，或者组成文字或数字显示。砷化镓二极管发红光，磷化镓二极管发绿光，碳化硅二极管发黄光，氮化镓二极管发蓝光。根据化学性质，LED 又分有机发光二极管 OLED 和无机发光二极管。

5. 氦氖激光器

激光具有高亮度、方向性强、相干性好的优点。氦氖激光器（helium-neon laser）为我们提供了在可见光区域（红光 632.8 nm）的光源，常用的氦氖激光器在输出端的激光束光斑半径约为 0.3 mm，功率在 1 mW 以上，能流密度约为 0.4 W/cm^2，发散角在 1 mrad 之内，因此，氦氖激光器的光束在 10 m 处的光斑半径约为 7.5 mm，我们在实验中完全可以认为是几何光学的光线。

氦氖激光器的单色性很好，可以作为单色强光源测量焦距、折射率等基本量。氦氖激光器的光束通过望远镜使激光束的发散角进一步变小，从而变成窄光束，通过显微物镜使发散角变大，从而扩束，这在光学实验和工业上的激光准直、激光加工及医学上都有广泛的用途。

由于激光高亮度的特点，用眼睛直接观察，将使眼睛的视网膜受到损伤。对激光的漫反射光和激光照射到墙上、纸上等介质表面上的散射光，也尽量不要长时间观察，必要时需要戴上防护眼镜。

1.2 光学实验的观察方法

1.2.1 主观观察法

主观观察法就是通过人的视觉直接观察。人眼灵敏度很高，观察方向灵活，有立体感和颜色感觉，因此，在光学实验中用眼睛直接对光学实验现象进行观察是常用的方法，也可以用观察屏作为接收器来进行观察。观察屏多为毛玻璃屏或者白板，根据所需观察的光强、相干性等来进行选择。

人眼是一个相当完善的光学系统。人眼底的视网膜不均匀地分布着圆柱细胞和圆锥细胞两种感光细胞。视网膜上的黄斑区域主要是圆锥细胞，从黄斑区域往外到视网膜边缘，圆柱细胞和圆锥细胞的比例发生变化，视网膜边缘主要是圆柱细胞。圆柱细胞负责暗视觉，没有颜色感觉，灵敏度比圆锥细胞高几十倍。圆锥细胞负责明视觉，有颜色感觉，分辨能力强，感觉成像细节。

我们观察到的图形实际上是在视网膜上所成的实像经过大脑的调节所形成的。视网膜上实际是倒立的实像，通过大脑的调节改正过来，形成符合客观世界的形象。值得注意的是，大脑的自动处理有时会使我们产生错觉。当物体太小或者距离太远时，视网膜上的实像就很小，我们不能看清楚，这种时候我们就需要借助视光学仪器来弥补人眼观察的不足，比如通过放大镜或者显微镜把小的物体或者像放大后进行观察和测量，或者通过望远镜放大视角，然后进行观察和测量。

在光学实验中我们常用一只眼睛观察，另一只眼睛处于休息状态，由于人的视觉器官受到大脑调节，用单眼观察也能产生立体感，尽管这不如双眼观察产生的立体感，但是在光学观察和测量中已经足够。当人眼上下移动或者左右移动时，由于我们对同一平面的物体不会产生视差，观察到的距离就不会改变。用测微目镜测量实像的大小时，要求实像和测微目镜的测量准线在同一个平面，这就意味着对准中不存在视差，光学测量中一定要保证无视差对准，这样就保证人眼观察和测量达到较高的精度。当我们用眼睛观察时，上下移动或者左右移动视线，如果看不到测量准线与实像之间有相对移动，就可以认为视差已经消除。

我们刚开始用眼睛观察，进行光学实验时往往不太适应，主要是没有搞清楚人眼在实验中的作用。我们要看清物体，必须将物体放在明视距离上，这时物体对眼睛瞳孔中心的张角称为视角。随着照度的增加，人眼的最小分辨角会减小，在明视距离上的物体太小或者照度不够，都会使眼睛过分紧张而引起疲劳。光强变化量太大、变化太快、光强太强也会使眼睛疲劳。这时，我们就应该停止实验，让眼睛休息。

1.2.2 客观观察法

人眼观察方便快捷，但是易受主观因素干扰，也不易做定量的测量，在涉及非可见光波段的光学实验以及光强的测量时，我们往往采用光电探测器来进行观察和测量。光电探测器就是把入射光（紫外线、可见光或红外线等）转化为电信号，然后用电子仪器进行测量。半导体材料是光电探测器的重要组成部分，到目前为止，诸多半导体材料已经被用于光电探测器，包括硅、碳纳米管、Ⅲ－Ⅴ族化合物、量子点等，并在改善光探测性能和器件结构设计方面取得了令人瞩目的进展。

光电探测器主要有以下几种：

1. 光电池

光电池是基于光生伏打效应的半导体元件。如图 1.2.1 所示，光电池基本原理是半导体的 pn 结在光的作用下产生新的电子空穴对，电子和空穴在 pn 结电场的作用下移动到结的两边形成附加电势差。制作光电池的材料一般有硅（Si）、硒（Se）、砷化镓（GaAs）、氧化亚铜（CuO）、硫化镉（CdS）和硫化银（AgS）等，用作透明电极的材料有 CuS、SnCl，其中硒光电池、硅光电池和以砷化镓为材料的光电池应用比较广泛。

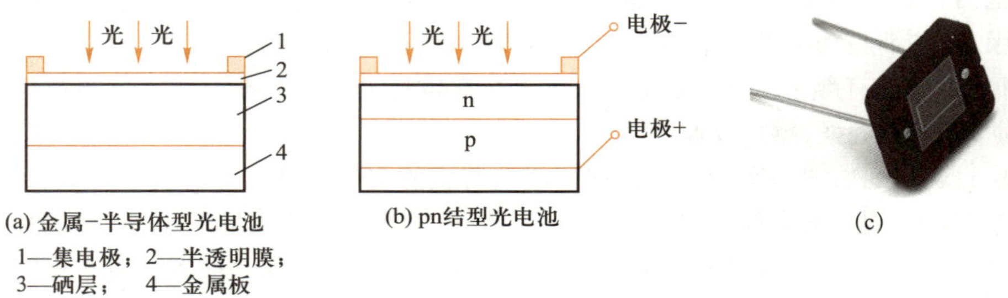

(a) 金属－半导体型光电池
1—集电极；2—半透明膜；
3—硒层；　4—金属板

(b) pn结型光电池

(c)

图 1.2.1　光电池

硒光电池的结构属于金属－半导体接触型，在铁或铝的基底上镀一层镍，然后将 p 型半导体硒涂在上面，再镀一层半透明氧化膜（金或氧化镉），最后安装电极、引线，就形成了光伏器件。硒光电池适用于可见光谱区。硅光电池是 pn 结型结构，在 p 型（或 n 型）半导体硅表面扩散一层 n 型（或 p 型）杂质以形成 pn 结，就组成了最基本的光伏器件结构。硅光电池又称为太阳能电池，适用于可见光到近红外光谱范围。随着半导体材料的发展，如钙钛矿光电池等新型光电池也相继出现。

2. 光敏电阻

光敏电阻是一种基于内光电效应的半导体元件。在无光照的条件下，光敏电阻的暗电阻一般很大，当受到一定波长范围的光照时，它的阻值急剧变化，电路中的电流将迅速增加。

光敏电阻的基本结构是下面的陶瓷基板，两侧使用两片金属电极接成引脚。光敏电阻的外部包裹着一层透明树脂防潮膜，既能透射光线，还能加固和防潮。它的两片金属电极呈梳齿形状互相交错。很薄的半导体光敏层通过涂抹、喷涂或烧结在陶瓷基板上形成，均匀分布在波纹状的梳齿间隙里。光敏电阻往往用于光的波长测量、单色光的强弱测量、光信号的控制和光电转换等。

3. 光电管

光电管（phototube）是基于外光电效应的基本光电转换器件。光电管分为真空光电管和充气光电管两种。光电管的典型结构是将球形玻璃壳抽成真空，在内半球面上涂一层光电材料作为阴极，球心放置小球形或小环形金属作为阳极，若球内充低压惰性气体就成为充气光电管。光电子在飞向阳极的过程中与气体分子碰撞而使气体电离，可增加光电管的灵敏度。用作光电管阴极的金属有碱金属、汞、金、银等，可适合不同波段的需要。在回路中串接高阻的光电检流计，就可以测量光电流的大小，光电流与所照射光的强度成正比。光电管往往灵敏度低、体积大、易破损。

4. CCD 探测器

如图 1.2.2 所示，电荷耦合器件（charge coupled device，CCD）是一种光电转换器件，用集成电路工艺制成。它不同于大多数以电流或电压为信号的器件，它以电荷包的形式储存和传递信息。虽然所有的 CCD 都基于同一种工作原理，但是 CCD 器件有许多类型，适用于不同的场合。根据像元排列形状的不同，CCD 有面阵和线阵之分；按使用场合的不同，CCD 芯片又有彩色和黑白之别；彩色 CCD 有拜耳（Bayer）滤色器彩色 CCD 和复合滤色器彩色 CCD 等。

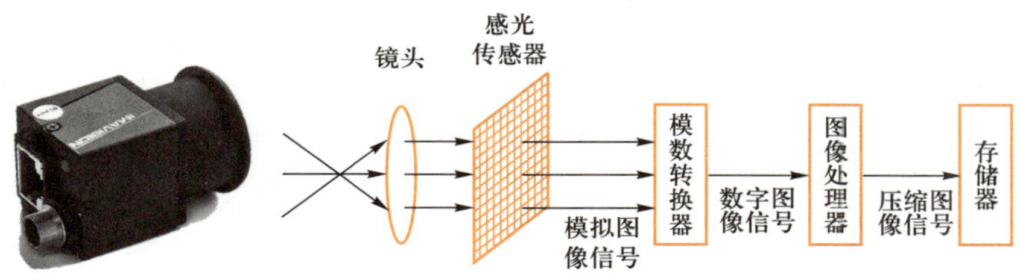

图 1.2.2 电荷耦合器件（CCD）

光学实验中大量工作是测定成像的清晰程度和成像位置，运用 CCD 作为光电转换器件改变了传统实验中测量光强环节的不足，在传统实验中，实际测量光强时会受到杂散光的干扰，比如高灵敏度的光电灵敏电流计在使用中，如有微小振动或倾斜，这就会造成光标的移动，使测量值不稳定，而且不能显示光强分布曲线的全貌，只是一种近似验证性实验。

由于 CCD 具有很好的光电转换特性，通常它的光电转换因子可高达 99.7%，因此利用它可弥补传统实验中的缺陷，可直接显示光强分布曲线并有效减小测量误差，同时输出信号的模数（A/D）数据采集是通过一种接口卡直接将采集到的数据送到计算机进行处理，显示光强分布曲线和有关数据，就极大提高了实验中测量和数据处理的速度。

1.3 光路调试技术

光路系统中的光学元件不仅要放置在一定空间位置上，而且必须等高共轴，我们才能观察到预期的实验现象，从而进行分析和测量。因此，光路调节是我们在光学实验中必须具备的基本技能。

1.3.1 激光光路调试

光学实验往往是在光学实验平台上进行的，如果是光具座，光具座也是在实验平台上的，因此，调节光学实验平台水平，使台面在同一高度上是首先要完成的调节工作。

将数字水平仪置于光学实验平台上，在 0°、90°、180°、270°、360° 方位上各测一次水平度，如图 1.3.1 所示，将最大值与最小值相减，平台倾斜度≤60′，则平台合格，否则调整调平螺钉，如图 1.3.2 所示，调整测试工作台水平。

水平度调节示意图

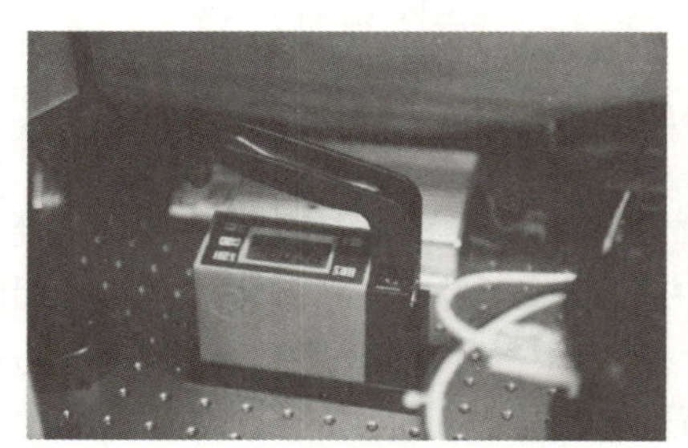
图 1.3.1 水平度调节示意图

图 1.3.2 光学实验平台

光学元件一般应安装在具有调节机构（包括调节维数、调节范围和调节精度等）的光具架上，以便把这些元件按光路图准确地定位到适当的空间位置上。光具架的调节机构应连续平稳、定位稳定、锁紧不变。我们使用前应轻轻晃动光具架的各个结合部，检查其是否稳定，调整光路前应先将所有的微调螺钉调至中间位置，保证足够的调节量。

光路调节的基本原则是等高共轴，即必须保证整个光路系统的光轴都在平行于工作台面的一个平面内。我们先将激光器输出的光束调节在一定高度上，且与工作台面平行，再将光路系统中其他所有光学元件的中心高度调节到激光束位置，这个高度尽量低一点。调整步骤如下：

（1）激光器出射角度调节。

如图 1.3.3 所示，我们把直尺放在激光器近前方，如光束高度约为 62 mm，向前移动直尺后光束高度降至 45 mm，所以调节激光器俯仰，使光束高度也达到约 62 mm；把直尺放回靠近激光器的位置，检查光斑，此时高度略接近 83 mm，再次把直尺放到远处微调俯仰，直到确信光束以相同的高度沿平台传播。

我们调节光束偏转角度时，可用直尺平边与螺纹孔的特定边缘对齐作为参考，然后沿同排螺纹孔向前移动直尺，可以看到光束偏转很大。所以，我们通过调整架的偏转把光束拉近光斑参考点。和调节俯仰一样，我们把直尺放到近点检查后再次放到远处微调偏转；俯仰和偏转都调好后，光束将平直地沿光学平台传播。

图 1.3.3 激光出射角度调节

激光出射角度调节

（2）按照光路系统摆设要求，我们将各光学元件逐个放到激光束中，调节所有光学元件的中心高度，使激光束通过各元件的中心。用纸片观察其表面反射的激光束是否与入射的激光束中心重合，若不重合应调节俯仰装置使两者严格重合。

（3）我们按照光路系统布置好各光学元件的位置，观察光路系统中由各光学元件表面（包括平面和球面）反射和透射产生的一系列自准像点，使它们处于激光束高度的一条直线上，以便使光学系统成为共轴系统。

图 1.3.4 给出了反射镜调节实例。在图 1.3.4（a）中，经反射镜的光斑与激光器出射端口不重合，反射镜平面不垂直于激光光束。调节反射镜俯仰和高低，使两次成像中心重合，如图 1.3.4（b）所示，此即共轴。透镜及其他元件调节方法类似。

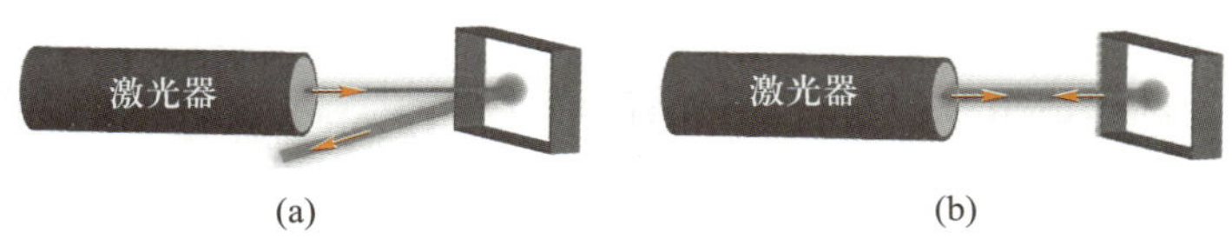

图 1.3.4 反射镜调节

1.3.2 焦点位置的确定

在光学实验中，我们经常需要将某些元件精确调整到会聚透镜的会聚点或焦点上，为此必须准确确定会聚点或焦点的位置。在使用透镜的过程中，可能会遇到需要从不同焦距的透镜中选择合适的透镜搭建光学系统的情况，而在对透镜焦距无须精确要求的实验中，没有必要精确测量透镜的焦距。对于凸透镜，有很多估计其焦距的方法，能快速帮助筛选可用的透镜。

1. 日光灯照射法

如果实验室是日光灯照明，对于一般的透镜而言，屋顶的日光灯和凸透镜之间的距离远大于焦距，此时根据成像原理，可以认为日光灯发出的光会在透镜的一倍焦距处成像。因此，我们可以将透镜平行于桌面放置，上下平移透镜（图 1.3.5），恰好能在桌面上看到清晰的日光灯像，此时透镜和桌面的距离可以粗略地认为等于透镜的焦距。用这种方法可以粗略估计凸透镜的焦距，快速选择适合光学系统的透镜，但对于焦距非常相近的透镜是无法区分的。

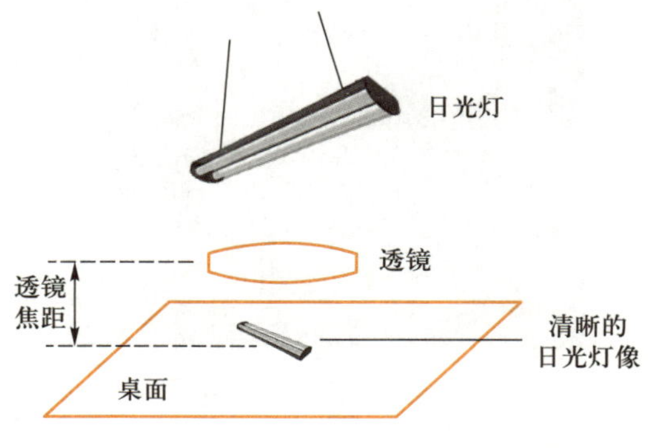

图 1.3.5 日光灯照射法估测透镜焦距

2. 平面光照射法

如果有搭好的平行光路，那么可以将透镜和白屏安装在导轨上，垂直放在光路中，前后移动白屏，当白屏上的光斑面积最小时，可以近似认为透镜到白屏的距离就是透镜的焦距。此种方法需要搭好的平行光路，虽然相对于日光灯照射法更加精确，但是也只是用于对焦距的估测，对于焦距非常相近的透镜也无法区分。由于会聚光斑耀眼，所以人眼也不易判断准确。

需要说明的是，以上两种方法都只适用于对凸透镜焦距的估测，在搭建光学系统的过程中起到节省时间的作用，并不适用于精密测量。

3. 激光散斑法

通常的方法是在透镜后面放置一块毛玻璃，用人眼观察毛玻璃上会聚光斑的大小，当会聚光斑最小时，即认为毛玻璃所在的位置就是会聚点的位置。

利用激光散斑的特性，可以十分方便和有效地确定会聚点的准确位置，其原理如图 1.3.6 所示。在透镜的会聚点附近放置一块毛玻璃 DG，其后再放置一块光屏 P。我们在光屏上可以很方便地观察到会聚光斑在毛玻璃后面形成的散斑结构。

当毛玻璃与光屏之间的距离 l 固定不变时，散斑颗粒的直径 d 与会聚光斑的直径 D 成反比。当 D 最小时，d 最大，即散斑颗粒最粗。因此，当毛玻璃和光屏一起沿光轴移

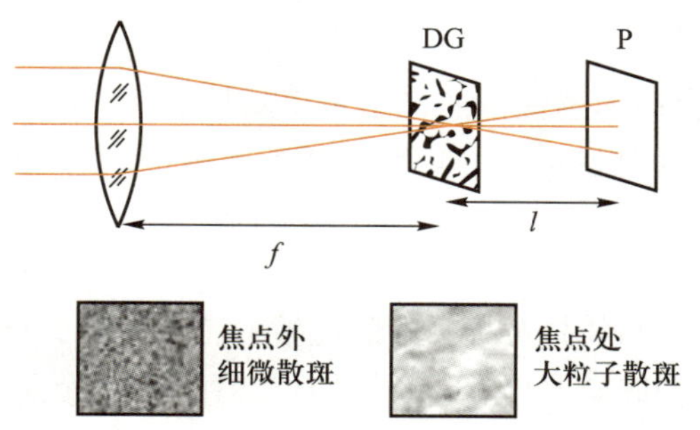

图 1.3.6 激光散斑法确定透镜焦距位置

动时，光屏上散斑颗粒的直径会发生变化，散斑颗粒最粗时的毛玻璃所在的位置即会聚点的位置。如果入射到透镜上的是平行光束，则此时毛玻璃所在的平面即透镜的焦平面，透镜与毛玻璃之间的距离等于透镜的焦距。

1.3.3 基本光学元件的调节

1. 多维移动台的调节

多维移动台在组装之后，我们首先要弄清楚不同的微调丝杆对应的是哪个维度的调节。以常见的五维移动台为例，如图 1.3.7 所示，底部的两个丝杆 1 和 2 调节的是两个水平方向的位移，中间的丝杆 3 调节的是竖直方向的位移，两个微调旋钮 4 和 5 调节的是俯仰角和旋转方向（偏角）。需要说明的是，多维移动台的结构不同，对应位置的微调丝杆的作用都不同，应该进行观察之后确定。

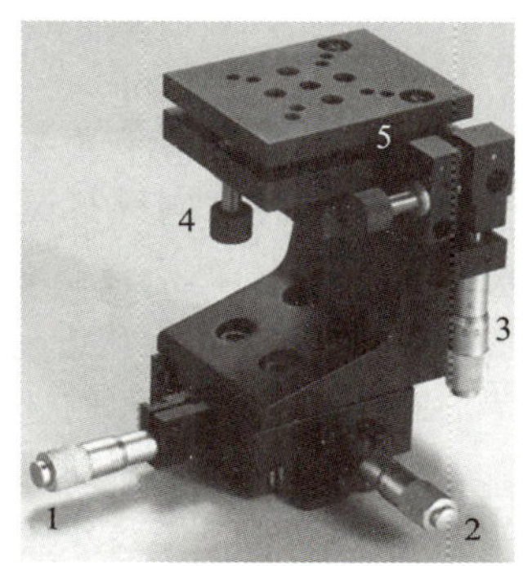

图 1.3.7 五维移动台

在使用多维移动台时还需要注意移动范围，所有的微调旋钮和丝杆都是在元件已经手动移到正确位置周围时进行微调时用的，并不能完全依赖这些旋钮和丝杆对元件的位置和角度进行大幅度调节。此外，移动台的维度只需要满足元件的移动维度就好，比如元件只需要进行三维移动，就使用三维移动台而不要使用更多维的移动台，因为不用的维度会增加移动台的高度，最终影响整个光路中各个元件的高度。

2. 支架和支撑杆的选择、组装和调节

我们选择支架的时候，要根据元件本身的性质、形状和在光学系统中的作用来进行选择。比如圆形的镜面就选择镜片支架，棱镜就选用棱镜镜架，激光器就选择激光器夹持器等。部分夹持器有调整俯仰角、倾斜和旋转的功能，当元件需要进行此类调节时再选择可调支架，如果元件不需要调节，则选择固定支架。

选择支撑杆的时候，其高度要根据光路中最高的元件来考量，为减小震动尽量不要选择过高的支撑杆。部分支撑杆可以对元件的高度进行调节，但是其调节精度不高，而且会引入额外的位移或旋转，因此支撑杆的高度调节通常用在光路粗调的阶段，对于精密调节，一般不使用支撑杆本身的高度调节功能。

在组装元件、支架和支撑杆的时候，需要注意以下两点：

（1）各器件是否配套。我们一方面需要确认支架和支撑杆的选择是否合理，另一方面要确认连接件是否能连上。现有的光学器件部分使用英制单位，部分使用公制单位，这样就会出现螺丝不匹配的状况，因此在搭建同一套光学系统的过程中，尽量使用统一单位的光学器件。此外，如图 1.3.8 所示，即使是公制的器件，支架、支杆底座、磁性表座和支撑杆都有两种不同的丝口（公制为 M6 和 M4），需要仔细观察，配合使用。

（2）简单化原则。不使用多余的连接件、支撑杆等，不使用带有多余调节功能的支架、底座、移动台等，如果可能，尽量使用固定件，任何多余的器件和多余的功能都会导致光路复杂化，一方面会消耗大量时间搭建、检测和修改光路，另一方面会导致光路的精度下降，对震动变得更加敏感，最终影响实验效果。

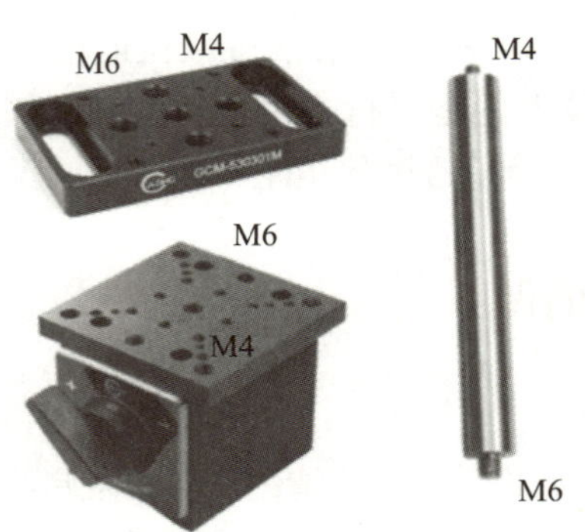

图 1.3.8 器件的不同丝口

我们在调节元件位置之前，需要将各器件的调节丝杆和旋钮等放置在中间位置，便于后期能朝各方向进行调节。我们在调节各个器件的过程中，一定要先将元件放置在正确位置附近，然后进行粗调，当观察到的现象显示元件与正确位置只有非常小的差别之后，再用丝杆和旋钮进行微调。

3. 光源和接收器的选择

光源的种类有很多，我们在选择的过程中要明确实验中所需光源的性质，包括光源的工作波段、单色还是复色、相干性要求、偏振性要求、强度等。比如在迈克耳孙干涉仪的搭建实验中，由于需要光源有很好的单色性和相干性，因此我们选择氦氖激光作为光源。而在光栅单色仪的实验中，由于需要使用光栅对不同波长的光进行衍射，在不同衍射角下观察不同波长的光，因此照明光源应选择复色的低压汞灯。

接收器的选择需要考虑接收面的光强，需要记录的物理量和精度。如果是需要肉眼观察的实验现象，或者光强较强，可以用白屏或者毛玻璃等观察屏进行观察。如果需要观察精度较高的图像，则可以使用 CCD，这样能在电脑上看到清晰的图像并进行采集。如果需要观察的是光强信息，而不用采集图像信息，则可以使用光电池作为接收器。在选择接收器的时候还要注意接收面的光强，如果光强过大，则可能对接收器产生损伤，因此通常先用白屏或者毛玻璃看一下接收面的光强大小，再决定用哪种接收器进行观察。

第二章 工程光学基础实验

第二章
数字资源

实验 2.1 光学系统的搭建和调节基础

实验 2.1
数字资源

预习思考题

1. 搭建光学系统有哪些常用调节技术，其使用的先后顺序如何？
2. 为什么要调节仪器使其共轴？
3. 扩束有哪些方法？每个方法扩束之后会形成怎样的波面？
4. 为什么需要消视差？

在搭建光学系统、调整光学仪器的过程中，为了获得良好的实验结果，我们需要掌握一些基础的光路调节技术。本次实验主要熟悉两个常用的调节技术：共轴和扩束。

搭建光学系统主要分为以下几个步骤：

（1）设计光路。在动手搭建系统之前，我们需要根据实验原理和实验目的设计光路，先画出光路图的草稿，然后根据实验室所有的实验条件进行修改并画出精确的光路图，在光路图中标明各元件名称和相互之间的位置关系。例如干涉实验，在绘制光路图的时候，我们不仅要计算各元件的精确位置使得两束光的光程差在光源的相干长度之内，还要选择合适的光学元件，根据光学平台的尺寸修改光路以方便搭建。再比如在做光栅衍射实验的时候，我们需要精确计算出光栅的入射角和衍射角，以便确定各元件的摆放位置。

（2）选择和组装元件。在设计光路的过程中应该考虑到对光学元件的选择，有些光路虽然很精妙，但是可能由于实验室并没有相关的元件而无法搭建。在选择元件的时候我们要注意在满足光路设计的前提下尽量选择可动性小的元件，尽量使用稳定性好的元件，将单个光学元件先和支架、支撑杆、底座等组装好以备用。

（3）搭建光学系统。根据设计的光路摆放各元件，调整各元件的位置和角度。

（4）共轴调节。在光学实验中，一个光学系统内通常包含多个光学元件，光会通过这些元件进行折返、成像等。为了获得更好的实验效果，需要使得光通过各光学元件的中心。在很多光学实验，特别是部分涉及激光的实验中，在未扩束之前先对系统进行共轴调节能使调节更加精确，也能使扩束后的光斑中心透过各光学元件的主轴。

（5）扩束。在光学实验中，特别是光源为激光的实验，光源光束直径过小，能量过于集中，因此需要通过扩束将能量分散，增大照明光束照射范围。

（6）调整、测量和观察。调整光学系统使得系统符合实验原理，能清楚反映实验结果，最后再利用调整好的光学系统进行测量和观察。

2.1.1 共轴调节

在光学实验中，一个光学系统内通常包含多个光学元件，特别是含有多组透镜。在这种情况下，如果光束没有和透镜的主光轴重合，或者物体没有位于透镜的主光轴上，则会使得成像模糊，实验效果不好，或者测量结果不准确，因此在搭建光路的时候需要对各光学元件进行共轴调节。

一、任务

1. 掌握透镜的共轴调节方法。
2. 掌握光路的共轴调节方法。

二、带有导轨的光路的共轴调节

将光源、透镜、物体等各元件按要求组装在导轨上，由于导轨可以限制光学元件的横向位置，所以主要是对这些元件的高度进行调节。

1. 粗调

调节各光学元件的取向和高低左右的位置，凭眼睛观察，使得它们的中心都处在和导轨平行的同一直线上，透镜的主光轴与导轨平行，物平面、像平面与导轨垂直。由于单凭眼睛判断，所以调节效果和实验者的经验有关，而且调节精度不高，因此称为粗调。

2. 细调

这一步需要靠其他仪器或者成像规律来判断和调节，不同的装置有不同的具体调节方法。这里只介绍物体和凸透镜的共轴调节方法。要使得物体和透镜共轴，其实就是要将物体的某一点调节到透镜的主光轴上。如图 2.1.1 所示，根据凸透镜的成像规律即可判断，当物体 AB 与像屏之间的距离 b 大于 4 倍透镜焦距（即 $b>4f$）时，将凸透镜沿着导轨移动，当凸透镜在位置 O_1 和 O_2 时，会分别在观察屏上成一个放大的像 A_1B_1 和一个缩小的像 A_2B_2。当物点 A 位于透镜的主光轴上时，两次成像的像点 A_1 和 A_2 的位置是重合的。如果物点不在透镜的主光轴上，则两次成像的像点会彼此分开，以物点 B 为例，小像的像点会更加靠近主光轴。在此例中，如果想将 B 点调整在主光轴上，则移动物体，使得像点 B_1 和 B_2 彼此靠拢直至重合，此时 B 点就调整到透镜的主光轴上了。

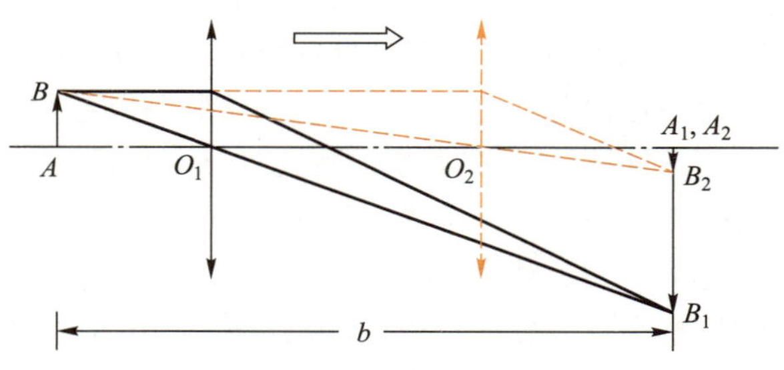

图 2.1.1 共轴调节示意图

如果对多个透镜进行共轴调节，则先调节最靠近物体的透镜，然后根据主光轴上物点的像点都在主光轴上的原理，在导轨上向远离物体的方向逐个增加待调整的透镜，调整每个物镜的位置和高度，使得物点所成的像都在主光轴上，则表示增加的每个物镜都与第一个物镜共轴。

三、无导轨光学系统的共轴调节

对于无导轨光学系统，每个元件都会摆放在整个光学平台内，其位置和角度的活动范围都更大，因此调节难度更高。针对不同的光学元件有不同的调节方法，在此针对激光光源介绍一些较为通用的调节方法。在激光光源扩束之前，光束的直径非常小，可以很准确地知道光束的位置。我们在调节的过程中，先调节其他光学元件的位置和角度，最后再放置透镜进行调节，能更快地获得更准确的调节效果。

1. 白屏调节法

我们将白屏固定在所需高度，并在设计的光束高度的位置上做十字标记。在整个调整过程中，此白屏的高度都不能进行任何改变。

（1）光源的调节

由于激光器本身的位置和角度，出射的光源可能存在高度与其他光学元件不匹配，或者出射光与光学平台不平行等问题，给后期对于其他器件的调节产生影响，因此需要先对光源进行调节。

如图 2.1.2 所示，我们将白屏放置在靠近激光器的位置（越靠近越好），此时调整光源的高低；然后将白屏放置在远离光源的位置上（越远越好），此时调整光源的俯仰角和偏角；反复将白屏靠近和远离光源，对光源的高低和角度进行多次调节，直至出射的激光在光源近处和远处都能与十字交叉点重合，则此时光源出射的光与光学平台平行。

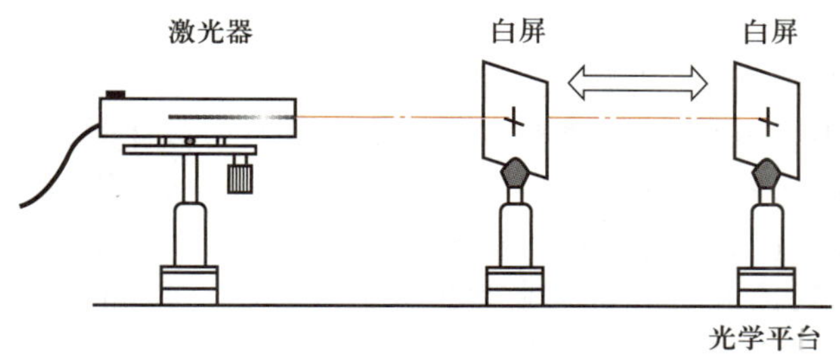

图 2.1.2 激光器调节示意图

在调整好光源之后，**所有的除透镜之外的光学元件均以“靠近光源→远离光源”的顺序进行摆放和调整。**

（2）反射镜和分光镜的调节

反射镜和分光镜的调节方法类似，以反射镜为例进行说明。首先调整反射镜的高度和水平位置，使得反射镜位于设计的正确位置，且激光照射在反射镜面的中心；将白屏放置在远离反射镜的位置上，白屏和反射镜的相对位置要符合光学系统设计的反射光角度，十字交叉处在设计的光线路径上，然后手动粗调反射镜的角度，使得反射光线能照射在白屏上，并且尽量靠近十字交叉的部分；粗调完成之后对反射镜进行细调，缓慢旋转反射镜支架后面的两个微调旋钮，反复调整反射镜的俯仰角和偏角，当反射光能与白屏上十字交叉的部分相重合，此时反射镜的角度就调整好了。

（3）分光棱镜的调节

分光棱镜的调节分为分束和合束两种，分光棱镜在用于分束的时候，其调整方法和反射镜类似，都可以利用白屏对反射光的角度进行精确的调节。但是在利用分光棱镜合束时，调节方法要更为复杂一些。

当两束光分别照射在分光棱镜的两个相邻的垂直面上时［图 2.1.3（a）］，分光棱镜是可以将这两束光合成一束的。

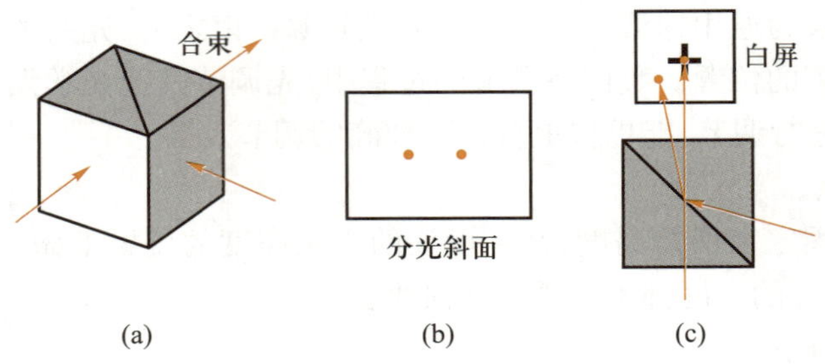

图 2.1.3 分光棱镜的共轴调节示意图

在合束的过程中，如果两束光照射在分光斜面上的点不重合[图 2.1.3(b)]，则应该调节分光棱镜的位置直至两点重合。将白屏放置在远离分光棱镜处，如果两束光在分光棱镜的斜面上是重合的，但是出射光的位置不重合[图 2.1.3(c)]，则需要调整分光棱镜的俯仰角和偏角，使得两束光完全重合于十字交叉处。将白屏反复靠近和远离分光棱镜，确认两束光经过分光棱镜后完全重合且高度正确，则此时分光棱镜的位置和角度均调节好了。

2. 光阑调节法

光阑调节法和白屏调节法类似，只是用光阑的透光部分代替了白屏的十字交叉位置来进行定位。相比于白屏无法透光，光阑的优势在于可以让激光从开孔处透出，一方面不影响其后方的光学元件和仪器的搭建和使用，另一方面可以放在待调整光学元件的前方用以调整使其反射光与入射光重合。

如图 2.1.4 所示，以可变光阑为例，将光阑调整到光路设计的主光轴高度，扳动手柄使得光阑孔径刚好能透过激光束。对于根据透射光来调整的光学元件，如图中光学元件 1，光阑放置在光学元件后远离元件的位置。对于根据反射光来调整的光学元件，如图中光学元件 2，光阑放置在光学元件前远离元件的位置。调整光学元件使得透射光或者反射光能刚好通过光阑的透光孔，则该光学元件就调整好了。

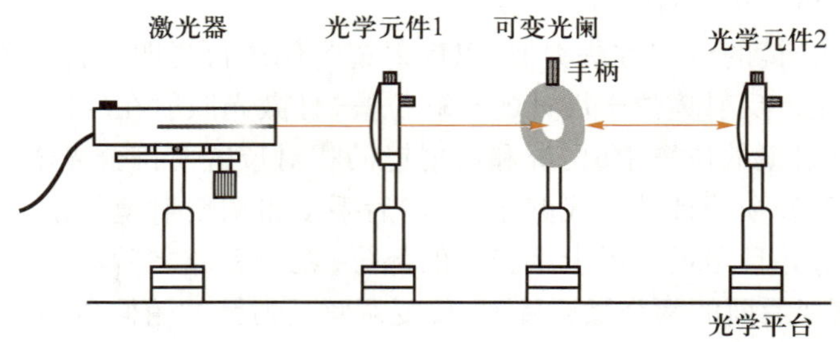

图 2.1.4 利用光阑调共轴示意图

3. 透镜的精细共轴调节

在没有导轨的光路中，透镜的调节相对复杂一些。如图 2.1.5 所示，在调节透镜的时候，步骤如下：

(1) 放置白屏。先在远离光源处放置一个白屏，白屏的位置应该在透镜的正确位置之后，使白屏的十字交叉位置与激光照射的位置重合。

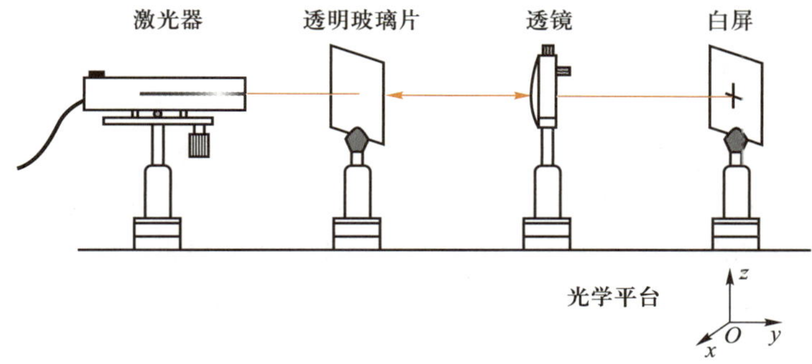

图 2.1.5 透镜的精细共轴调节光路

（2）放置和调整透镜。将透镜放置在正确位置上，沿 z 轴和 x 轴方向调整透镜的高度和左右位置，使透镜的透射光照射在白屏的十字交叉位置。目测调整透镜的角度，使透镜主轴和激光光束重合。

（3）放置和调整透明玻璃片。将透明玻璃片放置在透镜之前，调整玻璃片的位置和角度，使激光照射在玻璃片的中央部位，并使玻璃片的反射光和入射光重合。

（4）微调透镜。透明玻璃片放好之后，我们通常会在上面观察到多个反射光斑和一个入射光点［图 2.1.6（a）］。沿 z 轴和 x 轴方向微调透镜的高度和左右位置，使反射光斑彼此重合［图 2.1.6（b）］。微调透镜的俯仰角和偏角，使透镜的入射光点位于反射光斑正中心［图 2.1.6（c）］。

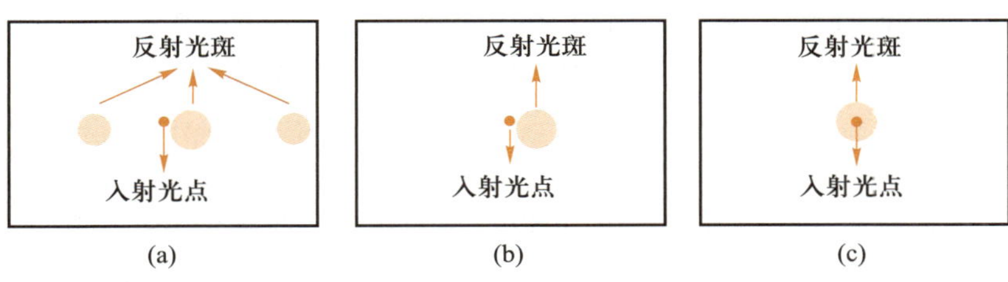

图 2.1.6 玻璃片示意图

完成了以上步骤之后，激光光束就能与透镜的主轴完全重合了。

四、实验内容

1. 在导轨上设计和搭建一个简单光路，并调节光路的共轴。
2. 在光学平台上设计和搭建一个简单光路，并调节光路的共轴。
3. 在只有激光器和透镜的光路中，调整透镜，使透镜主轴和激光光束重合。

五、练习与思考

1. 为什么透镜的反射光有多个光斑？
2. 白屏上的十字标记应该粗一点还是细一点？为什么？
3. 如果不调节好共轴，可能会导致哪些问题？

2.1.2 扩束和准直

由于激光光束直径很小,照射面积小且能量集中,在实验过程中,我们经常需要对激光光束进行扩束的操作。有些实验只需要将激光光束扩大,对激光光束的波面形状没有严格要求,比如漫反射全息摄影,此时只需要对激光光束进行简单的扩束即可。但是很多实验需要用到准直性良好的平行光束,这就使得激光光束不仅需要被扩束,还需要加入准直透镜来对光束进行准直。本节将分别介绍几种激光光束扩束和准直的方法。

一、任务

1. 掌握激光扩束的方法。
2. 掌握激光准直的方法。
3. 能设计、搭建和调节光路以实现激光的扩束和准直。

二、激光的扩束和准直

从激光器发出的激光光束具有发散角,对于激光加工来说,只有通过扩束镜和准直镜的调节使激光光束变为准直(平行)光束,才能利用会聚镜获得细小的高功率密度光斑,因此必须通过扩束镜和准直镜最大限度地改善激光的准直度才能得到理想的远距离平行光。根据光学原理,扩束镜两端的光学直径和相应光束发散角的乘积保持不变,即当光束直径变大时,光束发散角也以相应的倍率缩小,这是激光扩束的主要原理。而在激光聚焦应用中,激光的光发散角越小,得到的聚焦效果就越好。因此,激光的扩束和准直主要应用于扩束、缩小光学发散角、降低衍射效果的场合中。

1. 扩束镜扩束

如果只需要对激光光束进行扩束,可以选择商用成品扩束镜。扩束镜是一种无焦光学系统,通常由两组光学镜片组成,这两组光学镜片的焦点相互重合,根据功能前组称为输入镜,后组称为输出镜。而根据输入镜类型的不同,扩束镜可以分为两大类型:伽利略扩束镜[图 2.1.7(a)]和开普勒扩束镜[图 2.1.7(b)]。

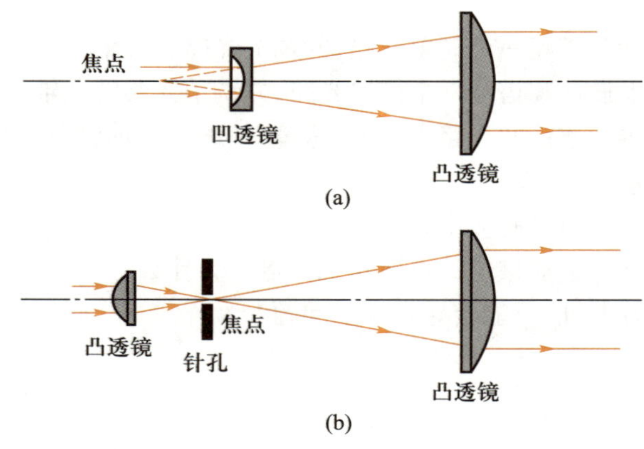

图 2.1.7 扩束镜光路示意图

伽利略扩束镜由伽利略望远镜衍变而来，是比较常用的一类扩束镜系统。它通常包括一个负光焦度的输入镜和一个正光焦度的输出镜，输入镜的前焦点和输出镜的前焦点相互重合。伽利略扩束镜的结构相对简单，尺寸紧凑，成本低，但是不能使用空间滤波器，其扩束比也不能太大（通常不大于 20 倍）。

相比于伽利略扩束镜，开普勒扩束镜有更大的扩束比，而且可以使用空间滤波器。开普勒扩束镜的输入镜具有正的光焦度，它的后焦点与输出镜的前焦点相互重合，在焦点重合的地方可以放置一个空间滤波器，比如针孔。

在使用时，按照扩束要求选择不同扩束比的扩束镜，将扩束镜直接放置在需要扩束的激光光束后，并使光束与扩束镜主光轴重合，即可实现对光束的扩束。

2. 用透镜搭建扩束光路

在没有商用成品扩束器，或者扩束器的扩束比不符合实验要求时，需要自行搭建扩束光路获得平行光束并检测光束的平行度。在对扩束比要求不高的实验中可以选择两个透镜搭建扩束光路，一个作为扩束透镜，另一个作为准直透镜。扩束透镜通常选择焦距短的凸透镜，准直透镜通常选择口径较大、焦距较长的双胶合透镜，这样可以获得截面较大的光束，以便处理较大一些的图像。扩束光路的调节步骤如下：

（1）放置扩束镜和准直镜

按照设计的光路摆放扩束镜和准直镜，并按照 2.1.1 中介绍的方法将两个透镜调整至共轴，且相距约为两个透镜的焦距之和。

（2）调节扩束镜

扩束镜通常是短焦距的凸透镜。激光细光束经扩束镜后会聚于其后焦点上，再从焦点发散，成为发散的球面波。

图 2.1.8 为扩束系统调节示意图，先在光路中放置一个中心带孔的屏 P_1（小孔光阑），孔的直径等于激光束的直径（3~5 mm），激光束可无遮挡地通过，再将扩束镜 L_0 放入光路中，扩束镜后放置一个光屏 P_2，屏 P_1 与屏 P_2 离扩束镜的距离为 5~50 cm。先粗调扩束镜使光屏 P_2 上的光斑尽可能成为一个高斯型光斑，然后在屏 P_1 上仔细寻找类似于牛顿环的干涉光环。这个干涉光环是由扩束镜的前后两个表面对入射光的部分反射在屏 P_1 上干涉形成的。这个干涉光环光强很弱，且还可能由于没调节好而使光环中心远离光轴，故应仔细观察。找到光环，哪怕是很微弱的局部光环，然后仔细调节扩束镜，直到光环中心与光轴重合为止，通常要反复几次调整平移和旋转微调。

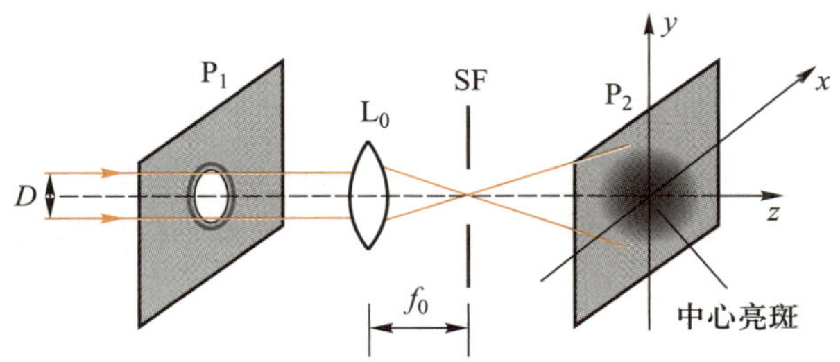

图 2.1.8　扩束系统调节示意图

（3）针孔的调节

在扩束准直系统中，常在扩束镜焦点上放置空间滤波器（spatial filter，SF）对光束进行空间滤波，滤去由于扩束镜上的灰尘与脏物所引起的衍射光，以改善光束质量，如图 2.1.9 所示。空间滤波器也称为针孔（针孔滤波器）。对光束质量要求不高或扩束镜上没有灰尘时，系统也可以不要针孔滤波器。

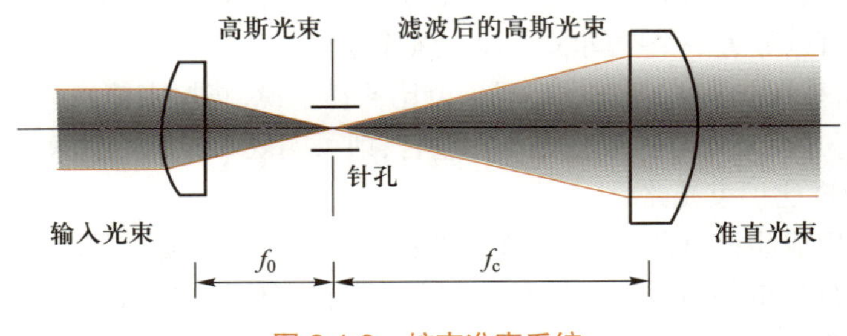

图 2.1.9 扩束准直系统

针孔是在金属镍上加工的一个微米级的小孔，小孔是利用激光掩膜技术加工而成的。在安装针孔之前，先用显微镜检查针孔是否为圆形或堵塞。

将合适孔径的针孔安装在针孔微调架上，针孔微调架可以在 x 方向和 z 方向上二维微调，微调旋钮分别用 S_x 和 S_z 表示。先用可移动的白屏寻找扩束镜的后焦点位置，在该位置附近放置针孔，并将白屏放置在针孔和准直镜之间。粗调完毕后将整个部件锁紧在台面上。

旋转微调旋钮 S_x 和 S_z，在观察屏上观察透过针孔的光，若有光透过且很亮，整个针孔边缘发亮，说明大致处于光斑中心。在扩束镜前放一带有小孔光阑的屏，使细激光束通过小孔，此时可在小孔光阑的屏上观察到由针孔周围的金属表面反射的光点。微调 S_x 和 S_z 使光点进入小孔，这就表明针孔在光轴上了。在针孔后的白屏上观察由针孔形成的衍射环。调节针孔的位置，使针孔沿主光轴前后移动，观察白屏上的像，当衍射圆环中心的亮斑直径不断扩大，亮度不断增强，直至屏上出现一均匀光斑，此时针孔处于最佳位置。越接近于最佳位置就越要仔细微调针孔，三个方向上的微调只能一个一个调整，不能两个同时调节，且尽可能不要调节过头。加入针孔后，只有焦点中心部分的光透过，周围的杂光被挡掉，得到一个均匀的光斑。

（4）准直透镜的调节

扩束后的光束经过准直透镜后，可以将发散的球面波变为较大口径的平面波，准直透镜的前焦点应与扩束镜的后焦点重合，两者的光轴也应一致，如图 2.1.10 所示。准直透镜通常使用口径较大、焦距较长的双胶合透镜，这样可以获得截面较大的光束，以便处理较大的一些图像。在要求不太高的实验中，可使用单片的正透镜作为准直透镜，将其曲率半径较大的一面对向扩束镜，不可反向放置。若准直透镜是双胶合透镜，则应使负透镜对向扩束镜，以使其球差最小。准直透镜的中心应与光束的中心高度保持一致。

在调节准直透镜的时候，当准直透镜前焦点位于显微物镜的焦点处时，输出的光即平行光束，光斑尺寸不再随距离而改变。因此，如图 2.1.10 所示，在准直透镜后放置自准直反射镜，使得反射镜与光束传播方向垂直。沿光束传播方向前后移动准直透镜，观察自准直反射镜的反射光。当反射光能落在针孔里，则准直透镜处于正确位置时，取走自准直反射镜，在准直透镜后面放置观察屏，前后移动观察屏观察上面光斑的变化，如果在一个较大范围内光斑的直径几乎没有变化，则可视为准直成功，完成调节。如果光斑大小有明显变化，则需要前后移动准直透镜进行调节，直至光斑的大小不变。

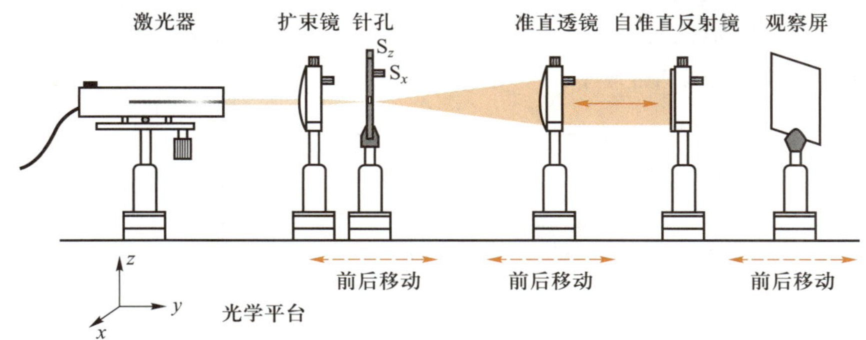

图 2.1.10 自准直法调节示意图

3. 用显微物镜搭建扩束光路

如果扩束比很大，并在对准直精度的要求很高的情况下，可以用显微物镜和傅里叶镜搭建扩束光路，其光路示意图如图 2.1.11 所示。搭建和调节步骤如下：

（1）放置和调节傅里叶镜

调整好激光器的位置和角度之后放置白屏 2 和傅里叶镜，利用 2.1.1 中的共轴调节方法对傅里叶镜进行调节，使得傅里叶镜的主轴和激光光束重合。要特别注意傅里叶镜是分正反面的，其正面对着激光光束。此外要在傅里叶镜和激光器之间预留大于傅里叶镜焦距的位置，以满足扩束距离和放置显微物镜。

（2）放置和调节显微物镜

在计划放置显微物镜位置的附近放置白屏 1，并将十字交叉点调整至和激光光束重合，固定白屏 1。在距离傅里叶镜一倍焦距的位置放入显微物镜（不带针孔），粗调显微镜头的位置和角度，使得显微物镜的主轴目测和激光光束重合，此时白屏 1 上应该可以看到如图 2.1.12（a）所示的圆斑和亮点。

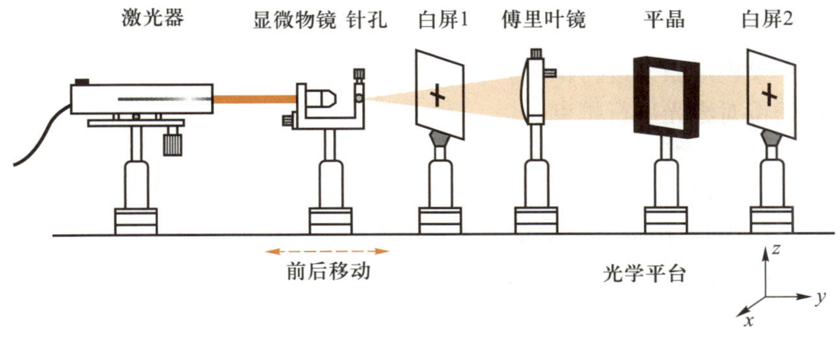

图 2.1.11 用显微物镜搭建扩束光路示意图

沿 z 轴和 x 轴方向调整显微物镜的高度和左右位置，使圆斑中心位于十字交叉处；调整显微物镜的俯仰角和偏角，使得亮点位于十字交叉处[图 2.1.12（b）]，此时显微物镜的主轴和激光光束重合。

装上针孔，沿 x 轴和 z 轴方向调整针孔的位置，使得白屏 1 上的小圆斑中心位于十字交叉处[图 2.1.12（c）]。将显微物镜向针孔的方向平移，将逐渐看到圆孔衍射图[图 2.1.12（d）]，在移动的过程中同时调节针孔位置，使得图形的中心始终位于十字交叉处。继续移动显微物镜，直至白屏 1 上可以看到一个均匀的大圆斑为止[图 2.1.12（e）]，此时显微物镜和针孔就调整好了。

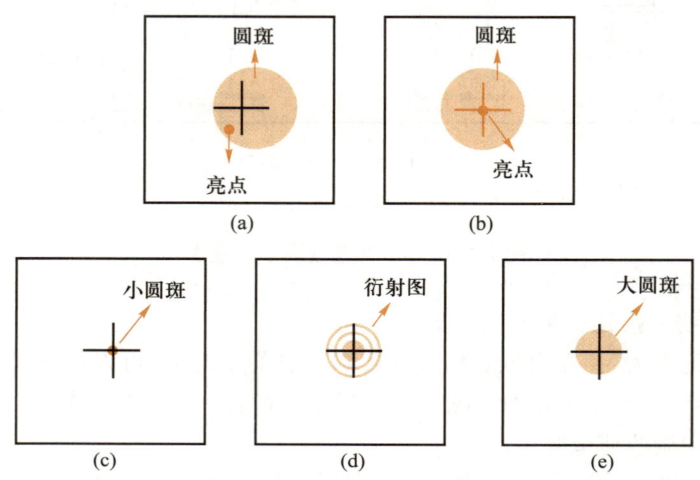

图 2.1.12　调整显微物镜时白屏 1 上的图样

（3）准直光的产生和检验

拿掉白屏 1 和白屏 2，在傅里叶镜后放置平晶，使得平晶的主轴和光束有一定的夹角。观察平晶前后表面反射光束的重叠部分所产生的干涉条纹，此时看到的干涉条纹很细。沿 y 轴前后移动带针孔的显微物镜，使得条纹变粗，直至平晶反射光束重叠部分只能看到很粗的干涉条纹或者均匀光，此时带针孔的显微物镜处于最佳位置，可以固定透镜，出射的光为平行光。

需要注意的是，利用平晶只能检测相干光束的准直，非相干光照明的时候只能用上文所说的自准直法进行调整。

三、实验内容

1. 利用扩束镜对激光进行扩束。
2. 利用透镜对激光进行扩束。
3. 利用显微物镜对激光进行扩束。

四、练习与思考

1. 调节平行光时，由近及远移动准直透镜产生的光斑如何变化？为什么？
2. 如何利用平晶检测平行光的质量？

实验 2.2
数字资源

实验 2.2 透镜焦距的测量

预习思考题

1. 远方物体经透镜成像的像距为什么可视为焦距?
2. 为什么要把光学元件调至等高共轴? 如何将几个光学元件调至等高共轴?
3. 用什么方法能判断出透镜的正负?
4. 如何用自准直法调平行光?
5. 二次成像法的条件是什么? 有什么优势?

在光学仪器的设计和搭建中,透镜作为最基本的光学元件之一,其应用非常广泛。光学仪器根据不同设计要求,通常需要选择不同的透镜。在选择的过程中,透镜的焦距是非常重要的参量之一,焦距能反映透镜的特性,决定透镜的成像规律。为了能按照使用要求设计和搭建光学仪器,我们必须熟练掌握透镜成像的一般规律,并学会测量透镜焦距的基本方法。

本实验中分别采用自准直法和二次成像法测量透镜的焦距。其中自准直法作为检测平行光的手段之一,测量透镜焦距的过程简单迅速,能直接测得透镜焦距的数值;二次成像法通过两次成像,可测量出相关数据,并通过成像公式计算出透镜焦距。

一、任务

1. 学会调节光学系统共轴。
2. 加深对薄透镜的成像规律的理解。
3. 采用自准直法和二次成像法测量透镜焦距。

二、实验原理

1. 透镜成像规律

如图 2.2.1 所示,透镜是由两个共轴折射曲面 Σ_1 和 Σ_2 构成的光学系统。设 Σ_1 和 Σ_2 之间的介质折射率为 n_L,透镜前方介质的折射率为 n,后方介质的折射率为 n',在大多数情况下,由于透镜是放在空气中的,因此可以认为 $n=n'\approx 1$。假设透镜的厚度为 d,主光轴上一物点 Q 经过 Σ_1 成像于 Q_1,将 Q_1 当作新的物点,经过 Σ_2 成像于 Q',则 Q' 就是 Q 通过透镜所成的像。对第一个球面 Σ_1,将物点 Q 和球面顶点 A_1 之间的距离称为物距,用 s_1 表示;将像点 Q_1 和球面顶点 A_1 之间的距离称为像距,用 s_1' 表示。对于第二个球面 Σ_2,将物点 Q_1 和球面顶点 A_2 之间的距离称为物距,用 s_2 表示;将像点 Q' 和球面顶点 A_2 之间的距离称为像距,用 s_2' 表示。根据高斯物像公式,Σ_1 的物像焦距 f_1 和 f_1',Σ_2 的物像焦距 f_2 和 f_2' 分别满足:

$$\begin{aligned}\frac{f_1'}{s_1'}+\frac{f_1}{s_1}=1\\ \frac{f_2'}{s_2'}+\frac{f_2}{s_2}=1\end{aligned} \tag{2.2.1}$$

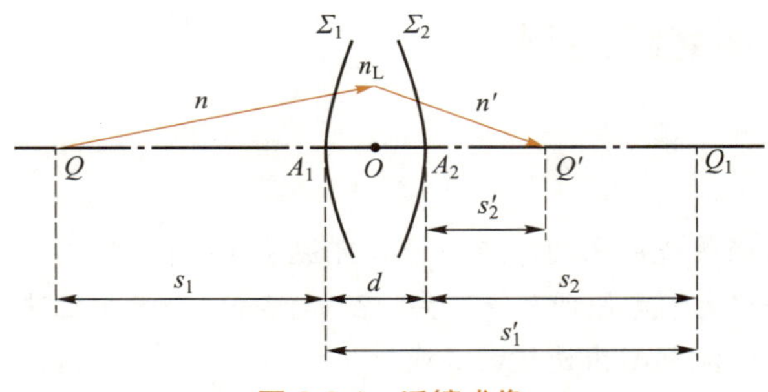

图 2.2.1 透镜成像

当透镜本身的厚度 d 远小于曲率半径时，透镜的厚度可以忽略不计，这种透镜称为薄透镜。对于薄透镜，图 2.2.1 中的两个球面的顶点 A_1 和 A_2 和透镜的光心 O 重合。薄透镜的成像过程如图 2.2.2 所示：

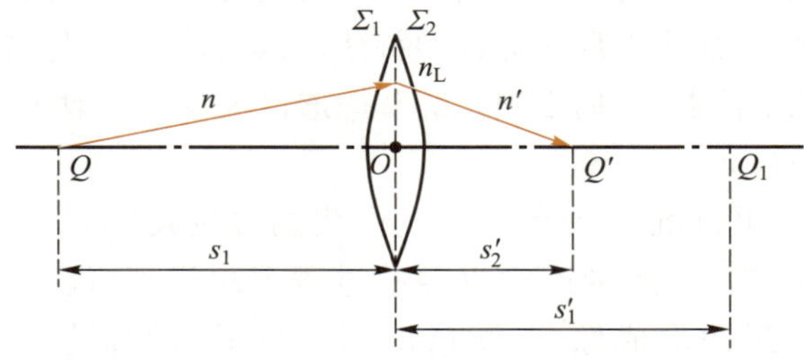

图 2.2.2 薄透镜成像

此时，物距为物点 Q 到光心 O 之间的距离，记作 $s=s_1$，像距为像点 Q' 到光心 O 之间的距离，记作 $s'=s'_2$。设薄透镜的焦距为 f，则薄透镜的近轴光线成像公式为

$$\frac{1}{s'}+\frac{1}{s}=\frac{1}{f} \tag{2.2.2}$$

2. 自准直法测焦距的基本原理

如图 2.2.3 所示，若物高为 y 的物体 AB 刚好处在会聚透镜 L 的前焦面处，那么物体上各点发出的光经过透镜之后会变成向不同方向传播的平行光，平行光经过透镜后方的平面镜 M 反射回来，反射光经过透镜之后在原物体的位置成一个和原物体大小相同的倒立的实像 $A'B'$。也就是说，物体 AB 发出来的光经过透镜和反射镜的作用能刚好在原位置成一个倒立等大的实像，则物体 AB 与透镜之间的距离就是透镜的焦距 f，它的大小可以直接用刻度尺测量出来。

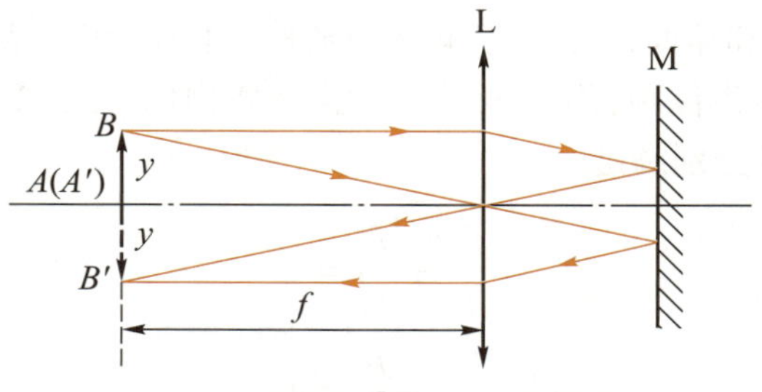

图 2.2.3 自准直法测量透镜焦距原理图

3. 二次成像法测焦距的基本原理

如图 2.2.4 所示，当物体与白屏的距离 $l>4f$ 时，保持物体与白屏的位置不变，将会聚透镜置于物体与白屏之间，可以找到两个位置 O 和 O'，白屏上都能看到清晰的像。假设物体与 O 之间的距离为 s_1，白屏与 O 之间的距离为 s_1'；物体与 O' 之间的距离为 s_2，白屏与 O' 之间的距离为 s_2'。根据（2.2.2）式可得

$$\frac{1}{f}=\frac{1}{s_1}+\frac{1}{s_1'}=\frac{1}{s_2}+\frac{1}{s_2'}$$

又根据几何关系和光的可逆性原理可得

$$s_1+s_1'=s_2+s_2'=l$$

$$s_2-s_1=s_1'-s_2'=d$$

$$s_1=s_2'$$

$$s_2=s_1'$$

联立以上各式可以求出

$$f=\frac{l^2-d^2}{4l} \tag{2.2.3}$$

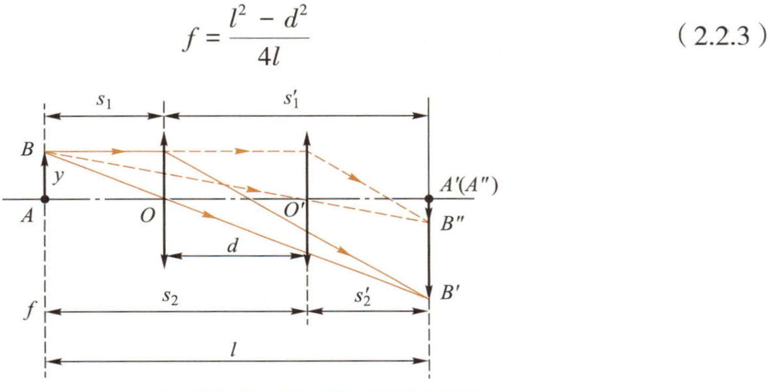

图 2.2.4 二次成像法测量透镜焦距原理图

因此，只要测得物体和白屏之间的距离 l 和两次透镜放置位置之间的距离 d，就可以根据（2.2.3）式算出透镜的焦距 f。由于是通过透镜两次成像而求得的 f，因此这种方法被称为二次成像法或贝塞尔法。这种方法中不需要考虑透镜本身的厚度，因此用这种方法测出的焦距一般较为准确。

三、实验步骤

1. 自准直法测焦距的实验步骤

（1）如图 2.2.5 所示，沿滑轨安装所需器件，自左向右依次为 LED 光源，准直镜（直径为 40 mm，焦距为 150 mm），目标物（“品”字屏），待测透镜（直径为 50 mm，焦距为 75 mm），反射镜。

（2）安装 LED 光源，调整 LED 光源的高度，然后将其固定在导轨上。

（3）安装准直镜（直径为 40 mm，焦距为 150 mm），将准直镜靠近 LED 光源，目测准直镜中心高度与 LED 发光点中心高度相同，沿导轨向右移动准直镜，准直镜与 LED 光源之间的距离约为 150 mm，此时光束基本准直。

（4）安装目标物（“品”字屏），在准直镜后安装目标物，调整目标物使“品”字图案处在光路中心。

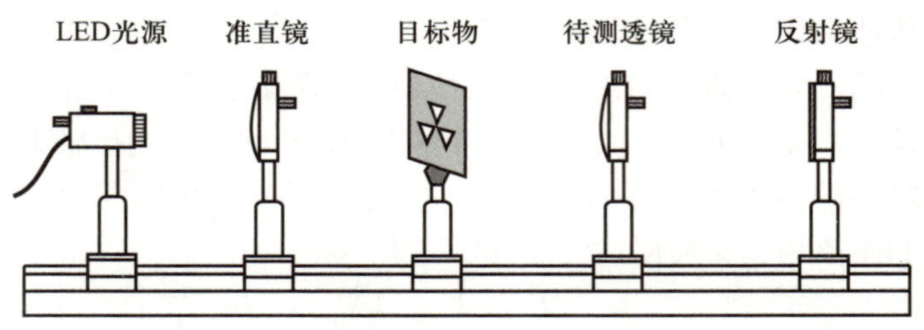

图 2.2.5 自准直光路装配图

（5）安装待测透镜，在目标物后安装待测透镜，并调整透镜位置让“品”字光斑入射到待测透镜中心。

（6）安装反射镜，在紧挨待测透镜后安装反射镜，调整反射镜高度使待测透镜出射光斑打在反射镜中心，并调整反射镜的反射角度，使反射的光斑基本与目标物的光斑在同一高度。

（7）仔细调整反射镜和待测透镜，直至“品”字屏上出现的倒立“品”字的像最清晰，且和原“品”字等大，与原“品”字刚好可以组成一个圆形，此时“品”字屏与透镜之间的距离即透镜焦距。记录下此时目标板的位置 a_1 和待测透镜的位置 a_2，它们之间的距离即透镜焦距 $f=|a_1-a_2|$。

（8）稍微改变目标物的位置，重复第（7）步，记录多组数据，将其填入表 2.2.1，并计算焦距。

表 2.2.1 自准直法测凸透镜的焦距数据及结果

待测透镜	目标板 位置 a_1/mm	待测透镜 位置 a_2/mm	焦距 f/mm	焦距平均值 $\overline{f}$ /mm
f=75 mm				

2. 二次成像法测焦距的实验步骤

（1）如图 2.2.6 所示，沿滑轨安装所需器件，自左向右依次为 LED 光源，准直镜（直径为 50 mm，焦距为 75 mm），目标物（“品”字屏），待测透镜（直径为 40 mm，焦距为 150 mm），白屏；调整 LED 光源发光头与准直镜之间的距离约为 75 mm，再使目标物与白屏之间的距离 $l>4f$；并调整其他器件共轴。

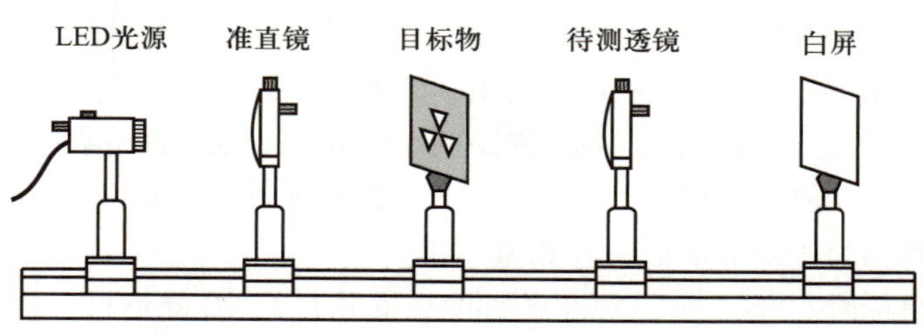

图 2.2.6 二次成像光路装配图 1

（2）或者如图 2.2.7 所示，沿滑轨安装所需器件，自左向右依次为目标物（毫米尺），待测透镜（直径为 40 mm，焦距为 150 mm），白屏；调整 LED 电源来调整毫米尺亮度，使目标物与白屏之间的距离 $l>4f$；并调整其他器件共轴。

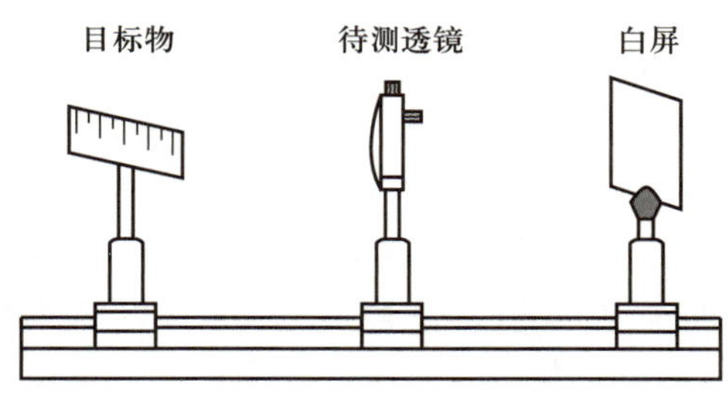

图 2.2.7 二次成像光路装配图 2

（3）移动待测透镜，使被照亮的目标物在白屏上成一清晰的放大像，记下待测透镜的位置 a_1 和目标物与白屏间的距离 l。

（4）移动待测透镜，直至在白屏上成一清晰的缩小像，记下透镜的位置 a_2，判断像是否清晰时在白屏位置放上反射镜，当目标物成像与目标图案完全重合时，为清晰像。

（5）稍微改变“品”字屏的位置，重复（3）—（4）步，记录多组数据，将其填入表 2.2.2，并计算透镜的焦距。

表 2.2.2 二次成像法测凸透镜的焦距数据及结果

待测透镜	第一次清晰成像位置 a_1/mm	第二次清晰成像位置 a_2/mm	目标到白屏的距离 l/mm	焦距 f/mm	焦距平均值 $\overline{f}$ /mm
f=150 mm					

四、练习与思考

1. 在自准直法测凸透镜的焦距实验中，为什么成像后目标物和待测透镜之间的距离即透镜焦距？

2. 请你画出二次成像法的原理光路图，并推导计算（2.2.3）式。

3. 试问你对本实验的过程、方法和手段有何思考和改进？

实验 2.3
数字资源

实验 2.3 透镜系统基点的测量

预习思考题

1. 透镜系统的基点包括哪些点?
2. 测定透镜系统的基点有什么意义?

对于共轴的理想光学系统,物和像的对应关系可以由一些特殊的点和面决定,它们就是最常用的共轴系统的基点和基面:主焦点(F, F')和主焦面,主点(H, H')和主平面,节点(N, N')和节平面,它们构成了一个光学系统的基本模型。本实验用两个凸透镜组成透镜组系统,采用 LED 照明目标物和 LED 照明毫米尺两种光路测量透镜组系统的基点位置和焦距。

一、任务

1. 了解透镜系统的基点的特性。
2. 掌握测定薄透镜组基点和焦距的方法。

二、实验原理

1. 焦点和焦面

焦点和焦面包含像方和物方。根据理想光学系统的成像理论,无限远轴上物点的像点 F' 称为像方焦点,过 F' 且垂直于光轴的平面称为像方焦平面,如图 2.3.1(a)所示。如果轴上某一物点 F 和它共轭的像点位于轴上无限远,则 F 称为物方焦点,通过 F 且垂直于光轴的平面称为物方焦平面,如图 2.3.1(b)所示,它和无限远垂直于光轴的像平面共轭。

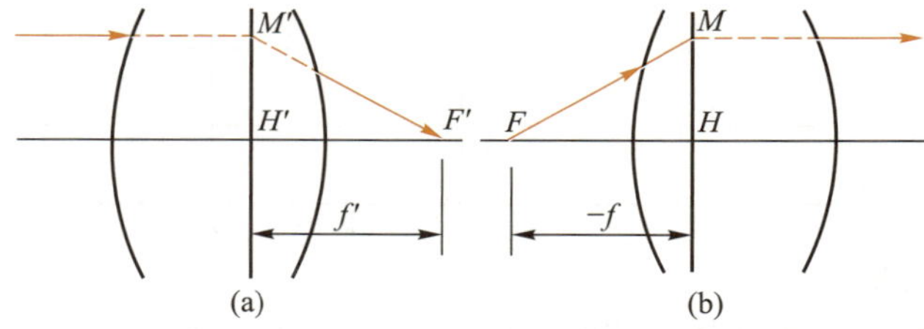

图 2.3.1 理想光学系统的基点示意图

2. 主点和主面

主点是横向放大率 $\beta=+1$ 的一对轴上共轭点,属于物方的称为物方主点,通过物方主点垂直于光轴的平面称为物方主面,如图 2.3.1(b)中的 H 和 MH;属于像方的称为像方主点,通过像方主点垂直于光轴的平面称为像方主面,如图 2.3.1(a)中的 H' 和 $M'H'$。

像方主点 H' 到像方焦点 F' 的距离,称为系统的像方焦距 f',物方主点 H 到物方焦点 F 的距离,称为系统的物方焦距 f。

3. 节点和节面

节点是角放大率 $\gamma=+1$ 的一对轴上共轭点,属于物方的称为物方节点,属于像方的称为像方节点。入射光线(或其延长线)通过物方节点 N 时,出射光线(或其延长线)

必通过像方节点 N'，并与 N 的入射光线平行，如图 2.3.2 所示。过节点垂直于主光轴的平面分别称为物方和像方节面。当共轴球面系统处于同一介质时，折射率相等，两主点分别与两节点重合，如果物方和像方折射率不等，节点和主点不重合，系统的节点落在主点之外。

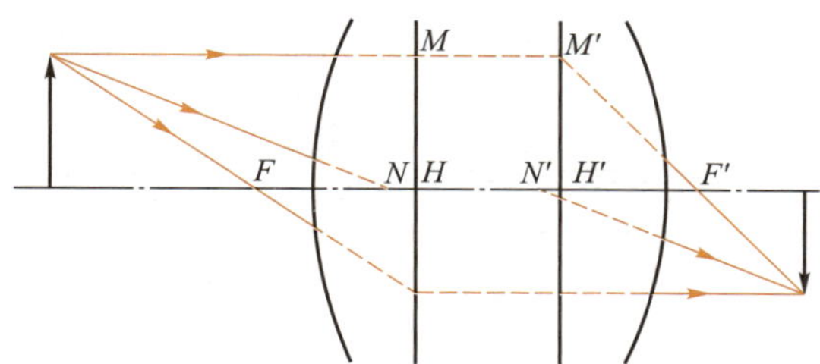

图 2.3.2 透镜组光路示意图

本实验以两个薄透镜组合为例，主要讨论如何测定透镜组的节点（主点），如图 2.3.3 所示。设 L 为已知焦距等于 $-f_0$ 的凸透镜，L.S. 为待测透镜组，其主点（节点）为 H、H'（N、N'），像方焦点为 F'。当物 AB 放在 L 的前焦点处，它经过 L 以及 L.S. 将 $A'B'$ 成像于 L.S. 的后焦面上。因为 $AO//A'N'$，$AB//A'B'$，$OB//N'B'$，所以 $\triangle AOB \backsim \triangle A'N'B'$，即 $AB/(-f_0)=A'B'/f'$，所以

$$f' = -f_0 \frac{A'B'}{AB} \tag{2.3.1}$$

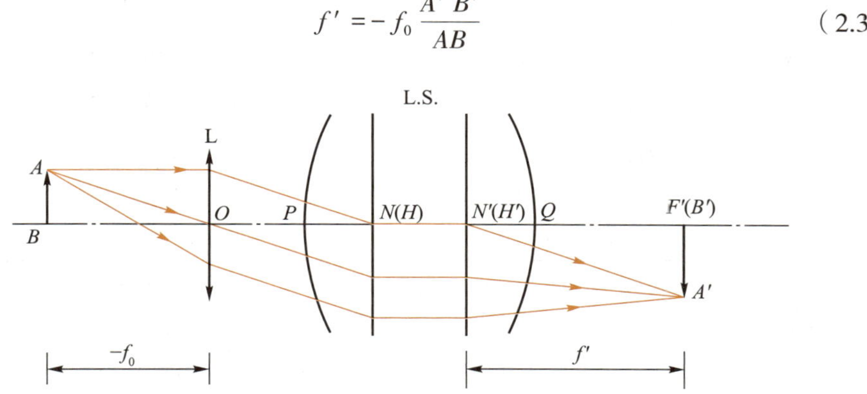

图 2.3.3 测量基点示意图

因此我们可以通过测量像 $A'B'$ 的大小得到像方焦距 f'。因为是平行光入射到透镜组上，所以像 $A'B'$ 的位置就是焦平面的位置，从而可确定 F' 位置。F' 的位置既然确定，而 $N'F'=f'$，因此 N' 的位置也就确定了。把 L.S. 的入射方向和出射方向互相颠倒，即可测定 F 和 N 的位置。本实验节点和主点重合，所以 H 和 H' 的位置也得到确定。

三、实验步骤

1. 光路搭建与调试

（1）如图 2.3.4 所示，沿滑轨安装所需器件，自左向右依次为 LED 光源，准直透镜（直径为 40 mm，焦距为 150 mm），目标物，标准透镜（直径为 50 mm，焦距为 75 mm），节点镜头（镜片间距为 60~110 mm、固定镜片直径为 40 mm，焦距为 200 mm，可动镜片直

径为 40 mm，焦距为 350 mm）、白屏；调整 LED 光源发光头与准直透镜之间的距离约为 75 mm，调整各光学元件共轴等高。

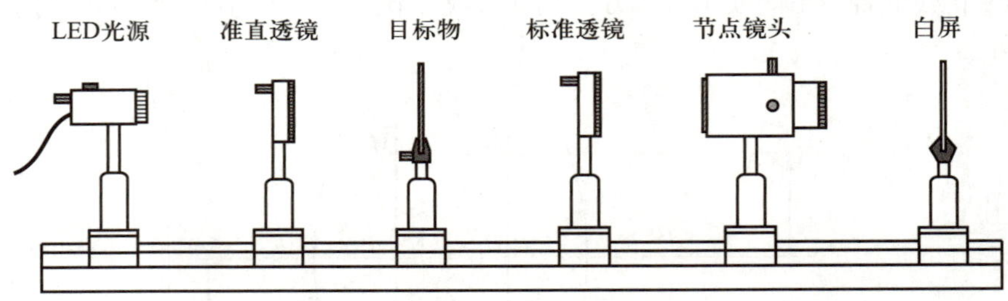

图 2.3.4 基点测量光路装置图

（2）基点测量的光路还可以将毫米尺作为目标物，取下 LED 光源和准直透镜，安放毫米尺，自左向右依次为毫米尺、标准透镜、节点镜头、白屏，调整各光学元件共轴等高。

（3）上述两种光路都需依次完成（3）、（4），调节目标板（目标板图案为边长 10 mm 的正方形，毫米尺的最小刻度为 1 mm）与标准透镜（透镜焦距为 $-f_0$）之间的距离为 75 mm，使目标板（物方图案宽度为 h_1）位于透镜 L_0 的前焦面。

（4）在白屏和标准透镜之间安装节点镜头，移动节点镜头或白屏最终可在白屏上观察到清晰像，量取像的大小 h_2。

2. 结果记录及数据处理

（1）使用白屏上的尺子测量像的大小 h_2，已知目标板上方孔的大小 h_1（正方形边长为 10 mm），辅助透镜（透镜焦距为 f_0）焦距为 75 mm，将数据填入表 2.3.1，根据 $f' = -f_0 \dfrac{h_2}{h_1}$，可以计算像方焦距 f'。

表 2.3.1 节点镜头物方焦距记录表

两透镜中心距离 L/mm	孔的大小 h_1/mm	像的大小 h_2/mm	辅助透镜焦距 f_0/mm	像方焦距 f'/mm

（2）以节点镜头的两镜片相距 60 mm 为例，计算出像方焦距以后，成像清晰位置即像方焦点位置，从像方焦点逆光方向取一个像方焦距即像方主点 H' 位置（主点与节点重合，所以此位置也是像方节点位置）。

（3）将节点镜头旋转 180°，重复（1）、（2），即可获得物方焦点、主点、节点位置。

四、练习与思考

1. 请你画出双透镜组共轴球面系统节点和主点重合的光路原理图。

2. 试问你对本实验的过程、方法和手段有何思考和改进？

实验 2.4
数字资源

实验 2.4　望远系统的搭建和放大率测量

预习思考题

1. 望远镜的成像原理是什么？
2. 望远镜有哪些指标，分别具有什么意义？

望远镜是观察远处目标物的目视光学仪器。望远镜前面有一块直径大、焦距长的凸透镜，该透镜称为物镜；后面有一块直径小、焦距短的透镜，该透镜称为目镜。望远镜是一个无焦系统，它将无限远处的物体成像于无限远处的光学系统，因此物镜的像方焦平面和目镜的物方焦平面重合。

常见望远镜分为伽利略望远镜、开普勒望远镜等。伽利略发明的望远镜在人类认识自然的历史中占有重要地位，它由一个凹透镜（目镜）和一个凸透镜（物镜）构成，其优点是结构简单，能直接成正像。开普勒望远镜由两个凸透镜构成，两者之间有一个实像，可安装分划镜进行瞄准和测量，并且性能优良。目前军用望远镜、小型天文望远镜等专业级的望远镜都采用此结构，但这种结构是成倒像的，要在中间增加倒像系统。本实验介绍开普勒望远镜成像原理，并测量视角放大率（简称放大率）和视场角。

一、任务

1. 掌握望远镜的结构以及倒像原理。
2. 学会组装望远系统。
3. 了解测量望远镜的视角放大率和视场角的方法。

二、实验原理

1. 望远镜的视场角

望远镜物镜的视场角定义为望远镜视场角。如图 2.4.1 所示，通过望远镜观测放在物方（近似无限远）的标尺间隔 $2y$ 和标尺到物镜的距离 L，因此视场角为

$$2\omega = 2\arctan\frac{y}{L} \tag{2.4.1}$$

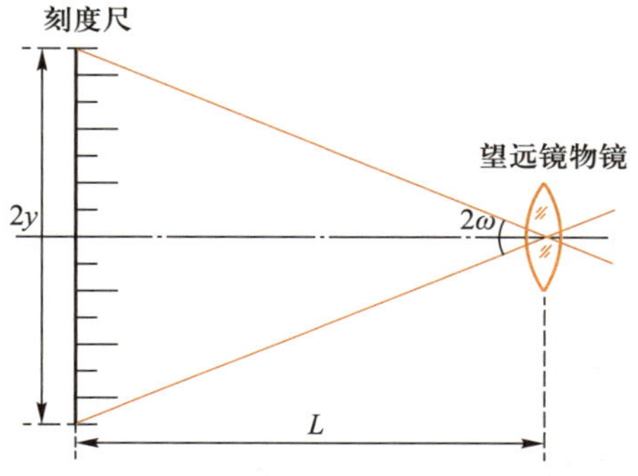

图 2.4.1　望远镜视场角测量原理

2. 望远镜的视角放大率

当观测无限远处的物体时，物体通过物镜 L_o 成像在它的后焦面上，同时也处于目镜 L_e 的前焦面上，然后目镜将此实像放大，使之成像在明视距离到无限远处的任一位置。光学仪器所成的像对人眼的张角为 ω'，物体直接对人眼的张角为 ω，如图 2.4.2 所示，由几何光路可知

$$\tan\omega = \frac{y'}{f'_o}$$
$$\tan\omega' = \frac{y'}{f_e} = -\frac{y'}{f'_e} \tag{2.4.2}$$

式中，f'_o 为物镜像方焦距，f_e 为目镜物方焦距，f'_e 为目镜像方焦距。由于 ω 和 ω' 都很小，因此，望远镜的视角放大率可表示成

$$\Gamma = \frac{\omega'}{\omega} = \frac{\tan\omega'}{\tan\omega} = -\frac{f'_o}{f'_e} \tag{2.4.3}$$

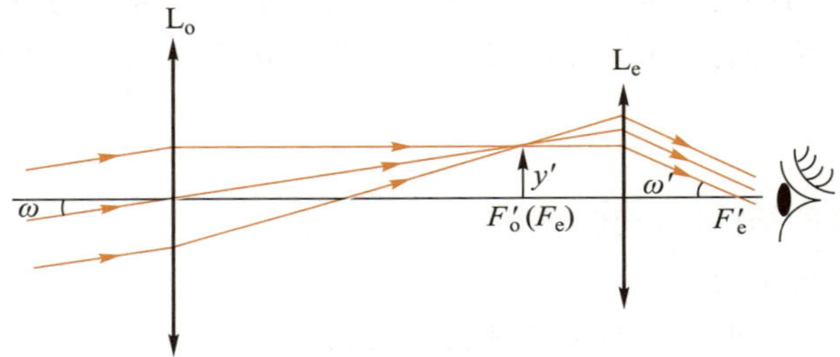

图 2.4.2 开普勒望远镜视角放大光路图

由此可见，望远镜的视角放大率近似为物镜和目镜像方焦距 f'_o 和 f'_e 之比。若要提高望远镜的视角放大率，可增大物镜的焦距 f'_o 或减小目镜的焦距 f'_e。

三、实验步骤

1. 光路搭建与调试

（1）如图 2.4.3 所示，搭建自组开普勒望远镜，自左向右依次为目镜（直径为 20 mm，焦距为 30 mm），物镜（直径为 40 mm，焦距为 150 mm），标尺。

图 2.4.3 望远镜系统光路图

（2）在靠近导轨一端安装目镜，适当调整目镜高度，并固定。

（3）在目镜后安装物镜，适当调整物镜高度，使目镜和物镜同高。

（4）安装标尺，在距离物镜较远处安装目标物，目标物与物镜间的距离一般大于 2 倍的物镜焦距。

2. 结果记录及数据处理

（1）将标尺安放在离物镜合适距离处，用一只眼睛通过望远镜目镜看标尺的像，移动目镜，最终可以通过目镜看到标尺被放大的清晰像。

（2）用另一只眼睛直接观察标尺。两只眼睛同时观察，一只可以看到标尺，另一只可以通过光学系统看到标尺像，经适应性练习，最终可以从目镜中看到望远镜放大的标尺像和标尺重合。

（3）视场中标尺和像如图 2.4.4 所示，图中左边是放大的标尺像，右边是标尺。

（4）测出与标尺像（左）上 n 格所对应的标尺（右）上的格数 m（图 2.4.4 中 $m=9$，其中 4 个黑格，5 个白格），将 m 和 n 值填入表 2.4.1 中，则放大率实验值为 $\Gamma_e=\dfrac{n}{m}$，多次测量取平均值，取放大率实验值。

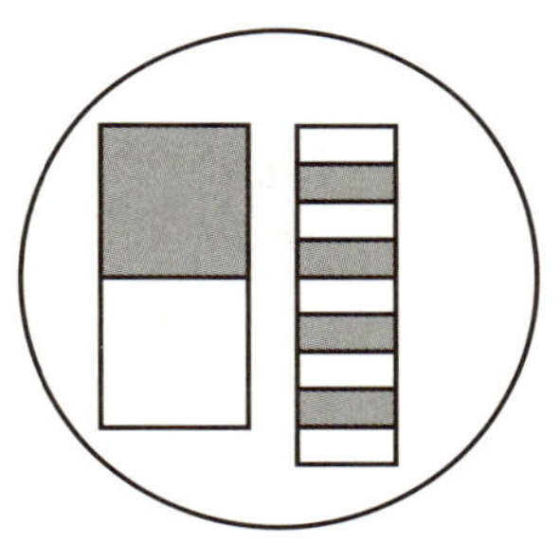

图 2.4.4　标尺及放大的标尺像示意图

（5）测定物距 L_1（标尺与物镜的距离）以及目镜与标尺的距离 L，根据望远镜物像共面时的放大率公式计算望远镜放大率的理论值 Γ_T。

$$\Gamma_T=\frac{y''}{y}=\frac{f_o'}{f_e'}\frac{(L+f_e')}{(L_1-f_o')}$$

（6）比较实验值与理论值，计算相对偏差。

$$E=\frac{\Gamma_e-\Gamma_T}{\Gamma_T}\times 100\%$$

（7）测量视场角 2ω。从望远镜目镜观察远端标尺，直接读取分划镜框内标尺的最大长度，此即物高 $2y$，再用卷尺测量望远镜物镜到标尺的距离 L，则可求出望远镜的视场角，将以上数据汇入表 2.4.1 中。

表 2.4.1 实验数据记录表

	视场角			放大率实验值 Γ_e		
	2γ	L	2ω	物格数 m	像格数 n	Γ_e
$f_o'=$ $f_e'=$						
平均值						
相对偏差						

四、练习与思考

1. 画出开普勒望远镜加上透镜倒像系统（f'相同）的光路原理图。
2. 将望远镜的放大率实验值和放大率理论值比较，问误差产生的原因是什么？

实验 2.5　显微系统的搭建和放大率测量

预习思考题

1. 显微镜的成像原理是什么？
2. 显微镜与放大镜的成像结构有什么区别？

显微镜和望远镜的基本结构相同，都是由物镜和目镜组成，但功能大不相同，显微镜用于观察近处的微小物体。通过本实验，学生应更了解显微镜的原理，能自己搭建显微镜，并测量相关参量。

一、任务

1. 学习显微镜的原理及使用显微镜观察微小物体的方法。
2. 学习测定显微镜放大率的方法。

二、实验原理

显微镜的成像原理如图 2.5.1（a）所示，物镜 L_o 的焦距 f_o' 很短，它使位于其物方焦点 F_o 稍远一点的物 y 成一放大的实像 y'，然后通过目镜在人眼的明视距离 D=250 mm 处成一放大虚像 y''。

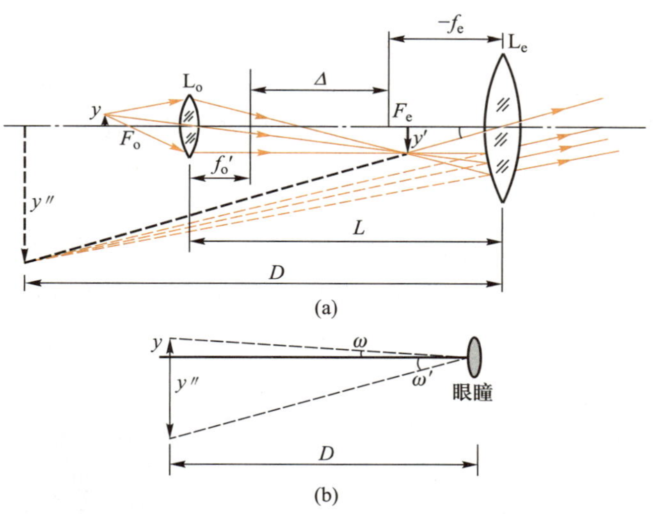

图 2.5.1　显微镜放大成像原理图

显微镜的视角放大率定义为像对人眼的张角的正切和物体在明视距离 D=250 mm 处时直接对人眼的张角的正切之比。如图 2.5.1（b）所示，由三角关系得

$$\tan\omega=\frac{y}{D}$$

$$\tan\omega'=\frac{y''}{D} \tag{2.5.1}$$

则显微镜的视角放大率 F_M 定义为像 y'' 对人眼的张角 ω' 与 y 在明视距离 D 处对人眼张

角 ω 之比。由于ω'和 ω 都很小,故有

$$\Gamma_{M}=\frac{\omega'}{\omega}\approx\frac{\tan\omega'}{\tan\omega}=\frac{y''}{y}=\beta \tag{2.5.2}$$

此式表明,当 y'' 位于明视距离时,显微镜视角放大率 Γ_{M} 等于横向放大率 β 。

常用的显微镜目镜焦距$f_{e}'\ll D$,故目镜的视角放大率为

$$\Gamma_{e}=\frac{y''}{y'}\approx\frac{D}{f_{e}'} \tag{2.5.3}$$

目镜上用 5×,10× 等数字标明目镜的视角放大率。物镜的垂轴分辨率为

$$\beta_{0}=\frac{y'}{y}=\frac{\delta}{f_{o}} \tag{2.5.4}$$

其中,δ 表示物镜像方焦点到目镜物方焦点的距离,即光学间距。物镜上常用 10×、25× 等数字标明物镜的放大率。当显微镜成虚像于明视距离 D 的位置上,而人眼在目镜后焦点处观察时,显微镜的视角放大率为

$$\Gamma_{M}=\frac{y''}{y}=\frac{y''}{y'}\frac{y'}{y}=\beta_{0}\Gamma_{e}=\frac{\delta D}{f_{o}f_{e}'} \tag{2.5.5}$$

从上式可看出,显微镜的物镜、目镜焦距越短,光学间隔越大,显微镜的视角放大率越大。

视角放大率的测量可通过一个与主光轴成 45°的半透半反镜把标尺成虚像至显微镜的像平面,直接比较测量像长 y'' ,即可得出视角放大率 Γ_{M}。

三、实验步骤

1. 光路搭建与调试

(1)如图 2.5.2 所示来搭建显微镜系统,导轨上自左向右依次为 LED 光源(含匀光器),分辨率板,物镜(直径为 50 mm,焦距为 75 mm),目镜(直径为 20 mm,焦距为 30 mm),分束镜。导轨外明视距离处为毫米尺。

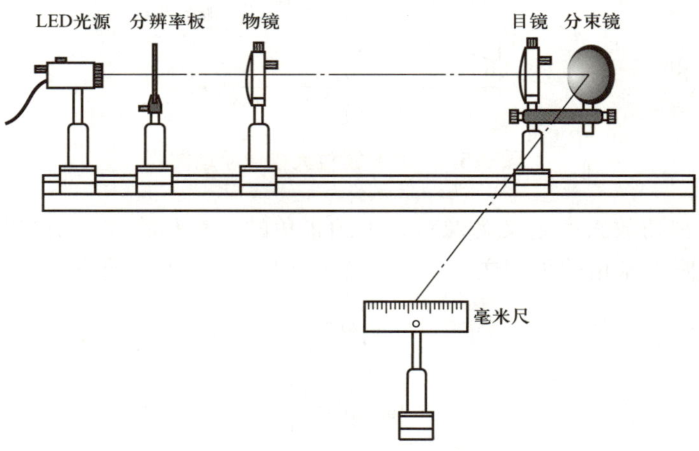

图 2.5.2 测显微镜视角放大率光路图

（2）在导轨上安装目镜，并在目镜支杆上安装支杆夹，在支杆夹另一孔中安装分束镜，调整分束镜与目镜中心同高，并成 45° 反射角。

（3）安装物镜，在目镜后适当距离安装物镜，调整物镜与目镜同高。

（4）安装分辨率板，在物镜后安装分辨率板，分辨率板与物镜之间的距离介于物镜的 1 倍焦距和 2 倍焦距之间，并调整 2 号或 4 号刻线与物镜中心同高。

（5）LED 光源（绿色）前端安装匀光器，适当调整 LED 与分辨率板的距离和光源强度，同时调整物镜和目镜之间距离，最终可以看到分辨率板的清晰像。

（6）安装毫米尺，在距离分束镜明视距离处放置毫米尺，然后用照明光源照亮。

2. 结果记录及数据处理

（1）调整观察位置，在视野中可以同时观察到分辨率板的条纹和毫米尺的刻度像（毫米尺在分束镜明视距离 250 mm 处），如图 2.5.3 所示。

（2）参考如下数据完成计算过程，如物镜与目镜之间距离为 324 mm，分辨率板与物镜之间距离为 105 mm，在视场中可清楚看到 4 号（2 号黑条纹实际宽度 d 为 0.5 mm，4 号黑条纹实际宽度 d 为 0.25 mm）的清晰像。

（3）移动眼睛并寻找到清晰完整的条纹，通过刻度尺测定条纹像宽度 d'。根据读出的宽度 d' 与实际宽度 d 即可算出显微镜放大率，完成表 2.5.1。

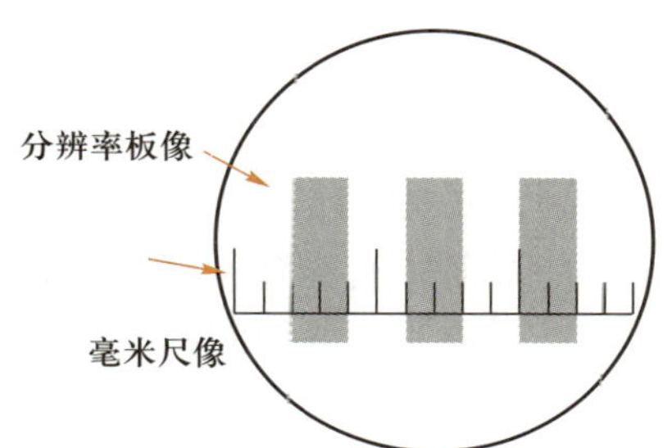

图 2.5.3　视野中分辨率板像和毫米尺像

表 2.5.1　显微镜测量数据及结果

实验测量放大率			理论放大率		测量误差
条纹宽度 d/mm	条纹像宽 d'/mm	$\Gamma_M=\frac{d'}{d}$	β_0	$\Gamma_M=\beta_0\Gamma_e$	

四、练习与思考

1. 推导出显微镜成像于有限远处时的放大率与成像于无限远处时的放大率，它们有什么区别？

2. 将显微镜的放大率实验值和放大率理论值比较，问误差产生的原因是什么？

实验 2.6
数字资源

实验 2.6 平行光管的调整及对薄透镜焦距的测量

预习思考题

1. 平行光管在装调过程中如何实现自校准?
2. 平行光管具有哪些实际的工程应用?

平行光管是产生平行光束的光学仪器,配用不同分划板,与前置镜或测量显微镜组合使用,既可用于观察、瞄准无限远处目标,又可用于光学部件、光学系统的光学常量测定以及成像质量的评定和检测。

我国对平行光管的焦距制定了系列标准,生产平行光管时都采用标准的焦距值。平行光管根据不同的设计结构,主要分为直管式平行光管、可调视度式平行光管、分离式平行光管、折转式平行光管和反射式平行光管等类型。

一、任务

1. 了解平行光管的结构及工作原理。
2. 掌握平行光管的调整方法。
3. 学会用平行光管法测量薄透镜的焦距。

二、实验原理

直管式平行光管的结构原理图如图 2.6.1 所示,它由物镜、分划板、光源以及为使分划板被均匀照亮而设置的毛玻璃组成。分划板位于物镜的物方焦平面处,因此,当光源照亮分划板后,分划板上每一点发出的光经过透镜后,都成为一束平行光。分划板上有根据需要而刻成的分划线或图案,这些刻线或图案将成像在无限远处,对观察者来说,分划板又相当于一个无限远的目标。

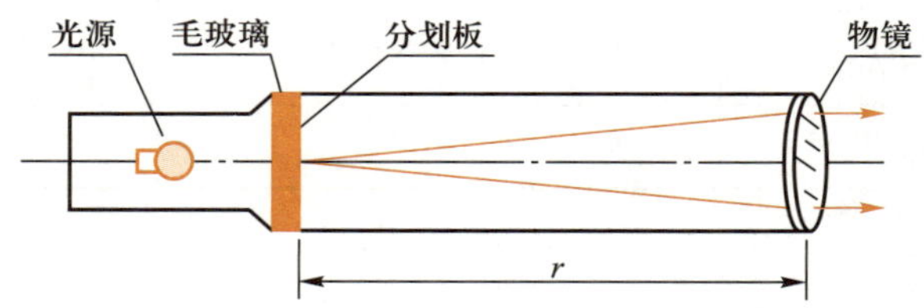

图 2.6.1 直管式平行光管的结构原理

根据平行光管要求的不同,分划板有多种图案。图 2.6.2 是几种常见的分划板图案形式。图 2.6.2(a)是刻有十字线的分划板,常用于仪器光轴的校正;图 2.6.2(b)是带角度分划的分划板,常用在角度测量上;图 2.6.2(c)是分辨率板,用于检验光学系统的成像质量;图 2.6.2(d)是几组等间距分布的线条,通常又称为玻罗板。

1. 平行光管法测量凸透镜焦距

用平行光管法测量凸透镜焦距的光路图如图 2.6.3 所示,平行光管射出的是平行光,且通过透镜光心的光线不改变方向,因此

$$\frac{y}{f'_o}=\frac{y'}{f'_x}$$

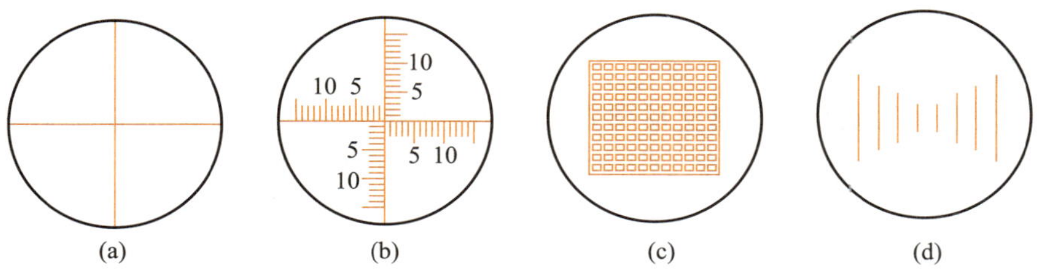

图 2.6.2 分划板图案样式

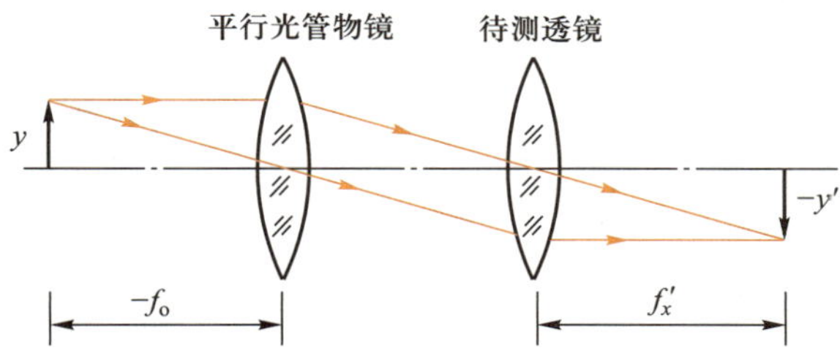

图 2.6.3 平行光管法测量凸透镜焦距的光路图

$$f'_x = \frac{y'}{y} f'_o$$

其中 f'_o 为平行光管物镜焦距，y 为分划板上选择的线对的长度，y' 为用显微目镜读出的分划板上线对像的距离。用这种方法测量凸透镜焦距比较简单，关键是要保证各光学元件等高共轴，平行光管出射平行光。

2. 平行光管法测量凹透镜焦距

平行光管法测量凹透镜焦距是在测量凸透镜的基础上增加一组焦距相等的镜组（自准直透镜组），如图 2.6.4 所示。平行光管的分划板经过待测凹透镜成虚像 O'，如果虚像 O' 在自准直透镜组第一个镜片的前焦面上，虚像 O' 的像会落在透镜组第二个透镜的后焦面，同时像 O'' 可以被 CCD 相机接收。

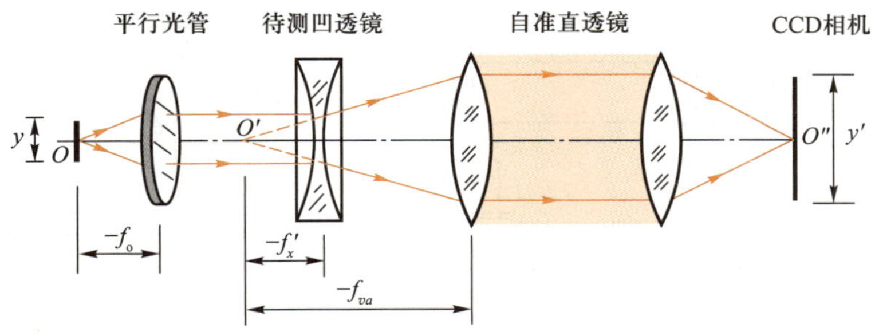

图 2.6.4 凹透镜焦距测量光路示意图

测量凹透镜焦距需要将一自准直透镜组与待测凹透镜组成伽利略望远系统，通过测量 CCD 相机中采集到的望远系统中的像的高度 y'，即可求得凹透镜的焦距。

$$f'_x = -\frac{y'}{y} f'_o$$

三、实验步骤

1. 凸透镜焦距测量

（1）参照图2.6.5搭建测量系统光路，导轨上自左向右依次为LED光源、平行光管、待测凸透镜（直径为40 mm，焦距为150 mm）和CCD相机。

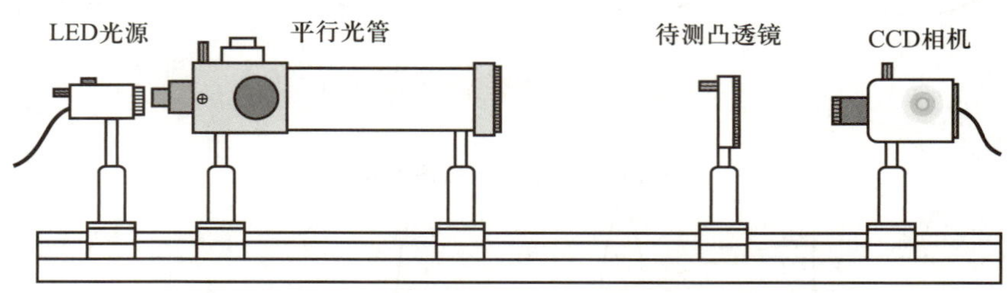

图2.6.5 平行光管法测量凸透镜焦距实验装配图

（2）调整平行光管高度并固定，在平行光管前安装分划板，并调整分划板方向，尽量保证分划线竖直分布，分划板线条间距为1 mm。

（3）匀光器装在LED光源前，LED光源摆放到平行光管的物方焦平面位置，打开电源开关，适当调整光源亮度。

（4）调整待测凸透镜和CCD相机的高度，前后移动CCD相机，可以看到通过待测凸透镜，会聚光斑入射到CCD相机的靶面中心，调整光源强度及目镜前后位置可以找到清晰像，如图2.6.6所示。

分划板的像

图2.6.6 分划板的像

2. 平行光管法测量凹透镜焦距

（1）如图2.6.7所示搭建测量系统光路，导轨上自左向右依次为LED光源、平行光管、待测凹透镜（直径为40 mm，焦距为−100 mm）、辅助透镜1（直径为40 mm，焦距为150 mm）、辅助透镜2（直径为40 mm，焦距为150 mm）和CCD相机。

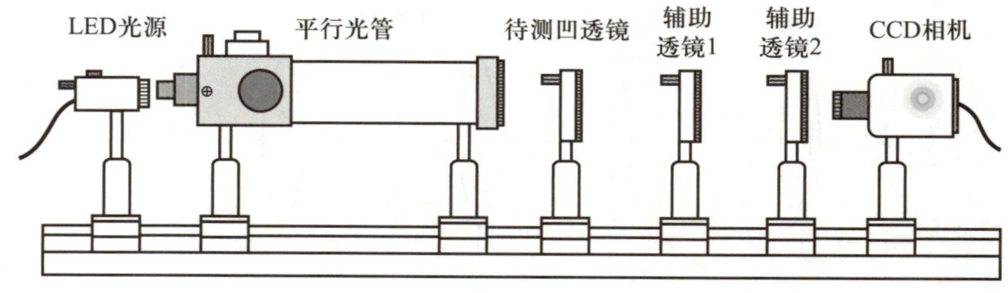

图2.6.7 平行光管法测量凹透镜焦距实验装配图

（2）调整平行光管高度并固定，在平行光管前安装分划板，调整分划板方向，尽量保证分划线竖直分布。

（3）匀光器装在LED光源前面，LED光源摆放到平行光管的物方焦平面位置，打开电源开关，适当调整光源亮度。

（4）安装辅助透镜2，调整辅助透镜2和CCD相机的高度，前后移动CCD相机，可以看到通过辅助透镜 2,会聚光斑入射到相机靶面中心,调整光源强度及相机镜头前后位置可以找到清晰像,然后将 CCD 相机和辅助透镜 2 的位置保持固定。

（5）安装辅助透镜 1,辅助透镜 1 与辅助透镜 2 的参量完全一样,目的是控制放大倍数为 1,调整辅助透镜 1 尽可能与辅助透镜 2 靠近,并调整中心重合。

（6）安装待测凹透镜,在辅助透镜 1 和平行光管中间安装待测凹透镜,调整凹透镜中心与光轴同心,前后移动凹透镜位置,可以找到平行光管的清晰像。

3. 结果记录及数据处理

（1）以上两种光路测量凸透镜和凹透镜焦距的数据处理过程相同。通过调整待测透镜和 CCD 相机之间的距离,可以找到清晰的像落在 CCD 相机的靶面中心,此时凸透镜的焦平面与 CCD 相机的靶面重合。

（2）以测量 0 和 1（0 和 1 之间的实际间距为 1 mm）之间的像大小为例,首先调整 CCD 相机下面的横向移动千分尺,让屏幕中心的竖线与 0 线重合,此时读下千分尺示数 y'_1,继续移动千分尺,当竖线与 1 标线重合时读下千分尺示数 y'_2,则 0 和 1 之间像的大小 $y'=|y'_2-y'_1|$,物高 y 可选择 1 mm、2 mm,用千分尺测出对应像的大小,并将数据填入表 2.6.1。

表 2.6.1　平行光管法测量透镜焦距数据记录表

平行光管透镜焦距 f'_o /mm	凸透镜焦距			凹透镜焦距		
	物高 y/mm	像高 y'/mm	$f'_x\left(=\frac{y'}{y}f'_o\right)$ /mm	物高 y/mm	像高 y'/mm	$f'_x\left(=-\frac{y'}{y}f'_o\right)$ /mm

（3）已知平行光管的透镜焦距 f'_o 为 400 mm,计算待测透镜的焦距值,重复测量,求平均值。

四、练习与思考

1. 用平行光管法测量透镜焦距与用自准直法测量透镜焦距两种方法,各有什么优缺点?

2. 试问你对本实验的过程、方法和手段有何思考和改进?

实验 2.7
数字资源

实验 2.7 星点法测量光学系统像差

预习思考题

1. 光学系统都有哪些像差，这些像差对成像有什么影响？
2. 色差的产生原理是什么？

根据几何光学的观点，光学系统的理想状况是点物成点像，即物空间一点发出的光能量在像空间也集中在一点上，但由于像差的存在，实际中不可能存在理想成像。评价一个光学系统像质优劣是根据物空间一点发出的光能量在像空间的分布情况的。在传统的像质评价中，人们提出许多方法，其中使用最广泛的有分辨率法、星点法和阴影法（刀口法），本实验利用星点法测量光学透镜的像差。

一、任务

1. 学习星点法测量光学透镜的像差的原理。
2. 掌握平行光管的使用方法，学会用平行光管测量透镜的色差。
3. 用星点法测量光学系统的色差、球差、像散，并观察彗差现象。

二、实验原理

1. 像差

光学系统所成实际像与理想像的差异称为像差。光学系统的像差分为两类：一类是单色光引起的，称为单色像差，包括球差、彗差、像散、场曲和畸变，其中，球差和彗差是由大孔径引起的，像散、场曲和畸变是由大视场引起的。球差、彗差和像散破坏了光束的同心性，场曲使像平面弯曲，畸变破坏了物与像的相似性。另一类是色散引起的，即光学材料对不同波长的折射率不一样，从而引起像差，称为色差。

（1）球差

轴上点发出的同心光束经光学系统后，在光轴上不再会聚于一点。不同入射高度的光线交光轴于不同位置，透镜边缘的光束经过透镜后的会聚点相对近轴像点（理想像点）的偏离，称为轴向球差，简称球差（$\delta L'$），如图 2.7.1 所示。

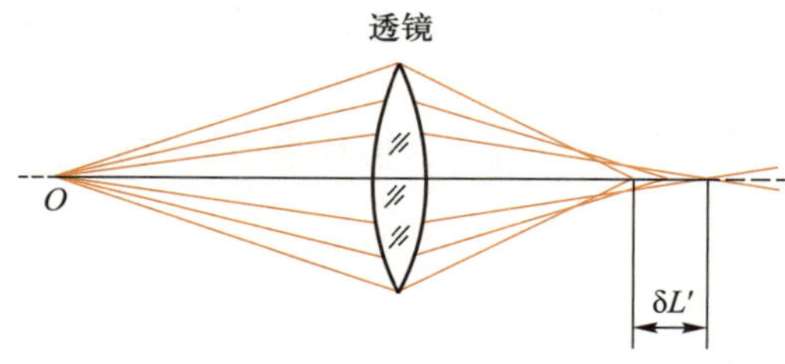

图 2.7.1 球差

（2）像散

轴外物点发出的邻近主光线的细光束经过光学系统后所成像不再是一个点。在子午像点处得到的垂直于子午面的短线，称为子午焦线。在弧矢点处得到的垂直于弧矢面的短线，称为弧矢焦线。子午焦线与弧矢焦线间的轴向距离定义为像散。

$$x'_{ts}=x'_t-x'_s \tag{2.7.1}$$

式中，x'_t，x'_s 分别表示子午焦线至理想像面的距离、弧矢焦线得到的不同形状的物至理想像面的距离，如图 2.7.2 所示。

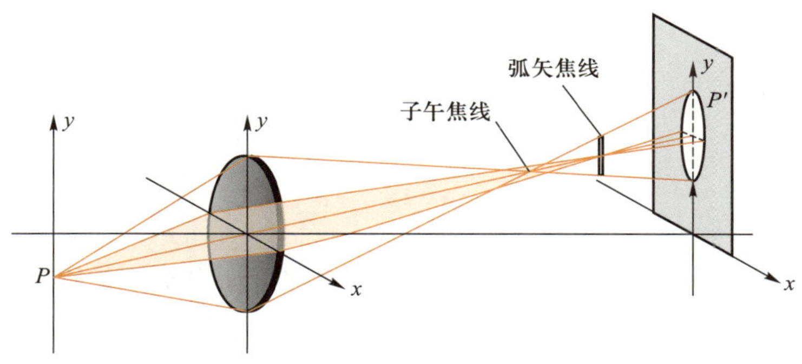

图 2.7.2 像散

（3）彗差

彗差是轴外像差之一，轴外物点发出的宽光束经光学系统成像后的失对称情况称为彗差。彗差既与孔径相关，又与视场相关，若系统存在较大彗差，则将导致轴外像点成为彗星状的弥散斑，影响轴外像点的清晰程度，如图 2.7.3 所示。

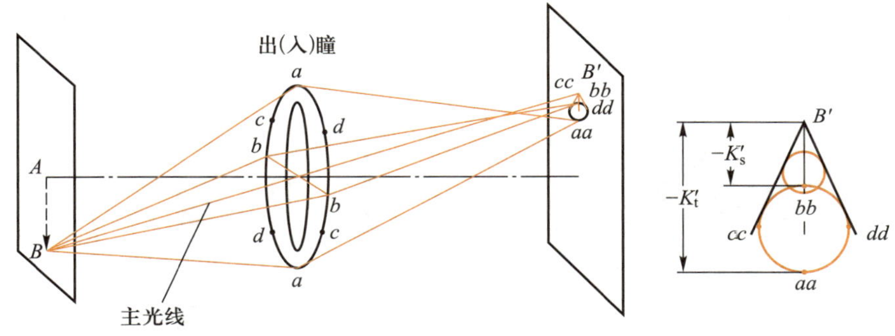

图 2.7.3 彗差

（4）色差

光学材料对不同波长的色光有不同的折射率，因此同一孔径不同色光的光线经过光学系统后与光轴有不同的交点。不同孔径不同色光的光线与光轴的交点也不相同。在任何像面位置，物点的像是一个彩色的弥散斑，如图 2.7.4 所示。各种色光之间成像位置和成像大小的差异称为色差，前者称为位置色差（轴向色差），后者称为倍率色差。

2. 星点法测量原理

光学系统对相干照明物体或自发光物体成像时，可将物光强分布看成无数个具有不同强度的独立发光点的集合。每一发光点经过光学系统后，由于衍射和像差以及其他工艺瑕疵的影响，在像面处得到的星点像光强分布是一个弥散光斑，即点扩散函数。

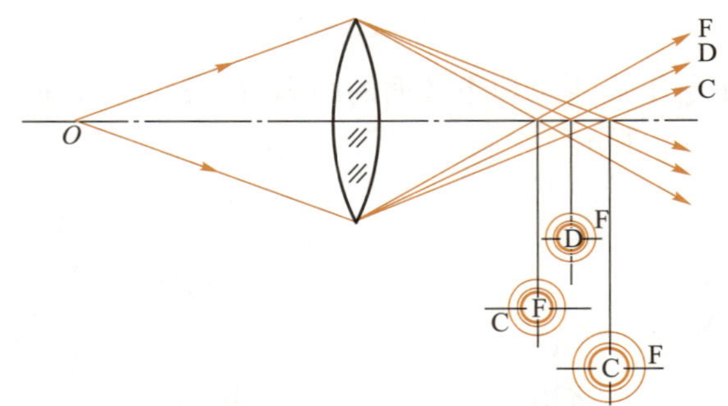

图 2.7.4 轴上点色差

在等晕区内,每个光斑都具有完全相似的分布规律,像面光强分布是所有星点像光强的叠加结果。因此,星点像光强分布规律决定了光学系统成像的清晰程度,也在一定程度上反映了光学系统对任意物分布的成像质量。上述的点基元观点是进行星点检验的基本依据。

通过一个点光源(称为星点)经过光学系统后在像面及像面前后不同横向截面所成的衍射像(称为星点像)的光强分布,定性地评判光学系统的成像质量,这称为星点法。

三、实验步骤

1. 色差测量

(1)参考图 2.7.5 搭建观测透镜色差的实验装置,从左到右依次是 LED 光源、装有星点板的平行光管、环带光阑、被测透镜和 CCD 相机。

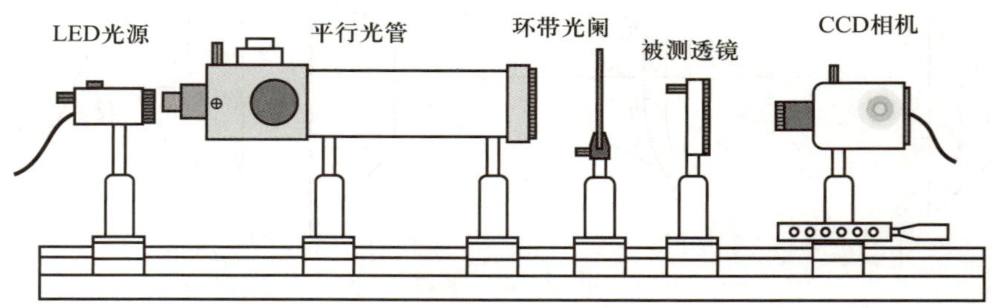

图 2.7.5 星点法实验光路图

(2)调节 LED 光源、环带光阑、平行光管、被测透镜和 CCD 相机,使它们在同一光轴上。具体操作步骤:先不放置星点板,让红色 LED 光源通过平行光管,在平行光管后放置被测透镜。调节 LED 光源、被测透镜和 CCD 相机的高度及位置,使平行光管、被测透镜和 CCD 相机靶面共轴,且会聚光斑打在 CCD 相机靶面上。

(3)在平行光管和被测透镜之间安装 50 μm 星点板,微调 CCD 相机位置,使 CCD 相机的光斑亮度最强,如图 2.7.6(a)所示。此时选用蓝色 LED 光源,调节 CCD 相机下方的平移台,使 CCD 相机向被测透镜方向移动,直到观测到一个会聚的亮点,如图 2.7.6(b)所示,记下此时平移台上螺旋丝杆的读数 X_1。再将光源换为红色 LED 光源,可看见视场图案如图 2.7.6(c)所示,相机靶面上呈现一个弥散斑,弥散斑与会聚点的半径差即透镜的倍率色差。

（4）调节平移台，使 CCD 相机向远离被测透镜的方向移动，又可观测到一个会聚的亮点，如图 2.7.6（d）所示，记下此时平移台上螺旋丝杆的读数 X_2。

（5）位置色差为 $\Delta L'_{FC}=L'_F-L'_C$。

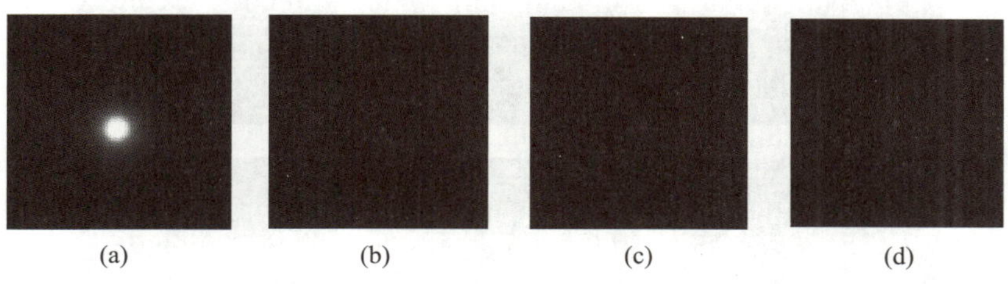

图 2.7.6　色差效果示意图

2. 球差测量

（1）参考图 2.7.5 搭建观测轴上光线球差的实验装置，选用红色 LED 光源。

（2）调节各个光学元件与 CCD 相机靶面同轴，沿光轴方向前后移动 CCD 相机，找到通过被测透镜后星点像中心光最强的位置。前后轻微移动 CCD 相机，观测星点像的变化，可看到球差的现象，效果图可参考图 2.7.7。

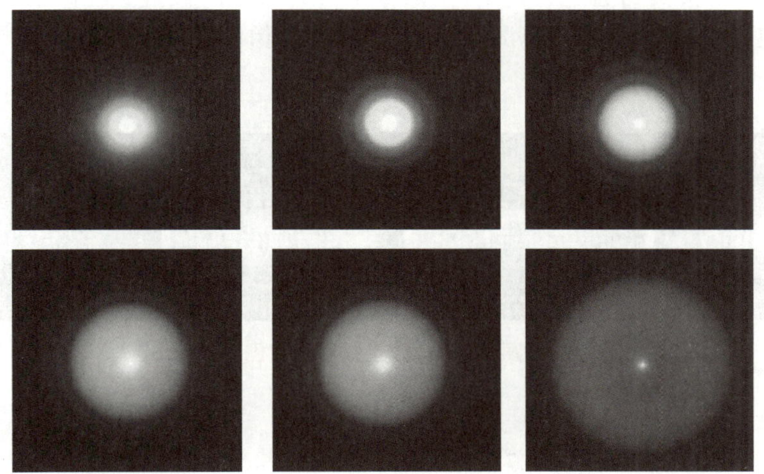

图 2.7.7　球差效果图

球差效果图

（3）选用最小环带光阑，移动相机找到会聚点，读取平移台丝杆读数 X_1；换上最大环带光阑，相机靶面上呈现弥散，移动相机再次找到会聚点，读取平移台丝杆读数 X_2。

（4）计算透镜对红色光源的轴向球差：$|X_2-X_1|$。

3. 像散测量

（1）光路图参考图 2.7.5，在平行光管和被测透镜之间放置最小环带光阑，将透镜微转一个角度固定，调节相机平移台，观察光斑变化，如图 2.7.8 所示。

（2）分别找到子午焦面（光斑在竖直方向延伸，呈“｜”形）和弧矢焦面（光斑在水平方向延伸，呈“—”形）所对应的位置，分别读取平移台的示数 X_1 和 X_2，计算两个位

置的距离，即透镜的像散：$|X_2-X_1|$。

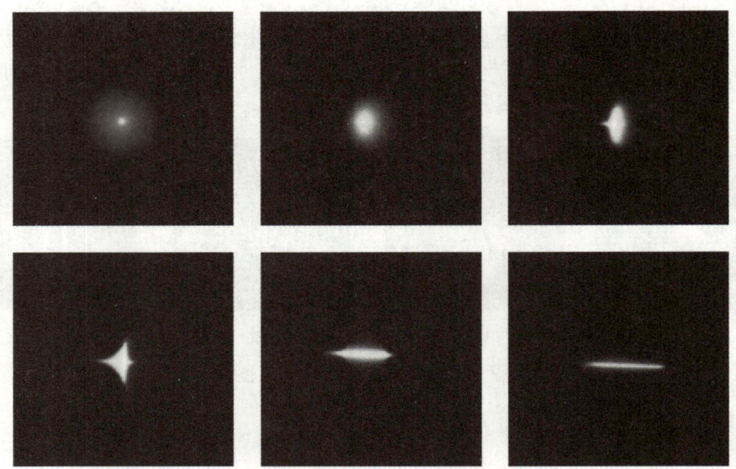

图 2.7.8 像散效果示意图

4. 彗差观测

参照图 2.7.5 安装光路，调节各个光学元件与 CCD 相机靶面同轴，沿光轴方向前后移动 CCD 相机，找到通过透镜后，星点像中心光最强的位置。轻微调节，使透镜与光轴成一定夹角，转动透镜，观测 CCD 相机中星点像的变化即彗差。效果图可参考图 2.7.9。

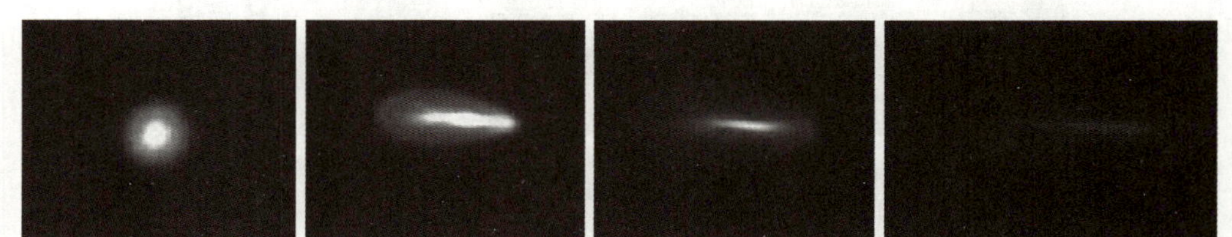

图 2.7.9 彗差效果示意图

5. 结果记录与数据处理

请将数据记入表 2.7.1、表 2.7.2、表 2.7.3 中。

表 2.7.1 星点法测量色差数据

操作次数	蓝光焦点位置 X_1/mm	红光焦点位置 X_2/mm	位置色差 $\|X_1-X_2\|$/mm
1			
2			
3			
平均值			

表 2.7.2 星点法测量球差数据

操作次数	最小环带光阑焦点位置 X_1/mm	最大环带光阑焦点位置 X_2/mm	轴向球差 $\|X_2-X_1\|$/mm
1			
2			
3			
平均值			

表 2.7.3 星点法测量像散数据

操作次数	子午焦面位置 X_1/mm	弧矢焦面位置 X_2/mm	像散 $\|X_2-X_1\|$/mm
1			
2			
3			
平均值			

四、练习与思考

1. 请你对测量数据进行分析，问引起测量误差的因素有哪些？
2. 试问你对本实验的过程、方法和手段有何思考和改进？

实验 2.8
数字资源

实验 2.8 刀口法测量光学系统像差

预习思考题

1. 刀口法测量像差与星点法测量像差的光路主要区别是什么？
2. 刀口法测量系统像差的理论依据是什么？

刀口法可灵敏地判别会聚球面波前的完善程度。物镜存在的几何像差使得不同区域的光线成像在不同位置上。刀口在像面附近切割成像光束，即可看到具有特定形状的阴影图，另一方面，物镜的几何像差对应着出瞳处的一定波像差，并由此可求得刀口图及其相应的阴影图。反之，由阴影图也可检测典型的几何像差。刀口法所需设备简单，检测直观，非常有实用价值。本实验利用刀口法测量光学透镜像差。

一、任务

1. 熟悉刀口法检测几何像差的原理。
2. 掌握球差的阴影图特征。
3. 用刀口法测量光学系统球差和像散。

二、实验原理

1. 刀口法测量球差原理

对于理想成像系统，成像光束经过系统后的波面是理想球面，如图 2.8.1 所示，所有光线都会聚于球心 O' 。此时用不透明的锋利刀口以垂直于图面的方向切割该成像光束，当刀口正好位于光束会聚点 O' 点处（位置 N_2）时，原本均匀照亮的视场会变暗一些，但整个视场仍然是均匀的（阴影图 M_2）。如果刀口位于光束交点之前（位置 N_1），则视场中与刀口相对系统轴线方向相同的一侧视场出现阴影，相反的方向仍为亮视场（阴影图 M_1）。当刀口位于光束交点之后（位置 N_3），则视场中与刀口相对系统轴线方向相反的一侧视场出现阴影，相同的方向仍为亮视场（阴影图 M_3）。

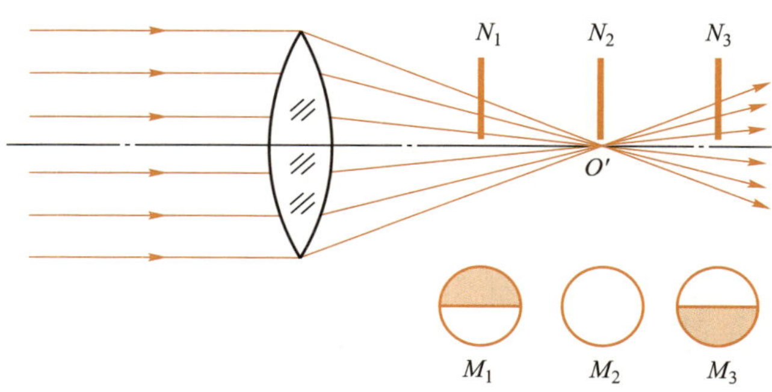

图 2.8.1 理想系统刀口阴影图

利用刀口法对系统轴向球差进行测量就是要判断出与视场图案中亮暗环带分界（呈均匀分布的半暗圆环）位置相对应的刀口位置，一般系统球差的表示以近轴光束的焦点作为球差原点。

2. 刀口法测量像散原理

刀口法测量像散原理如图 2.8.2 所示，刀口以竖直方向旋转 45° 切向光束，并移动到子午焦面，刀口切面图是竖直的，如图中的位置，当旋转刀口至弧矢焦面时，刀口切面图是水平的，如图 2.8.2 所示。刀口由位置 N_1 移动到位置 N_4，半阴区逆时针旋转 180°，位置 N_2 和位置 N_3 的间距即像散。

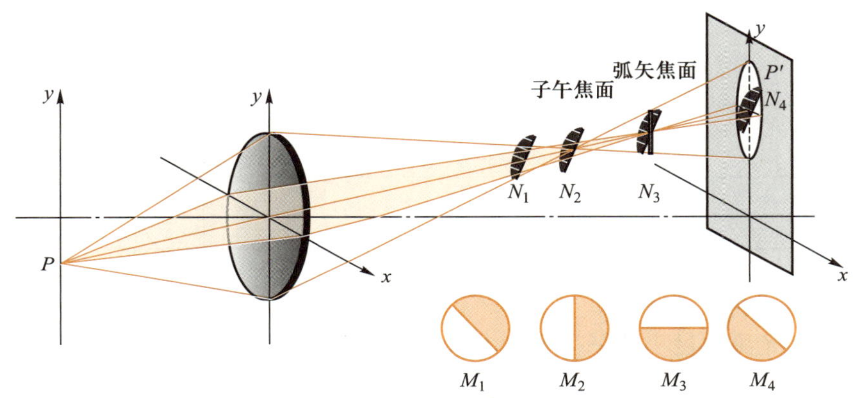

图 2.8.2　刀口法测量像散示意图

三、实验步骤

1. 球差

（1）参考图 2.8.3 搭建刀口法测量球差的实验光路，从左到右依次安装 LED 光源、平行光管、环带光阑、待测透镜、简易刀口、CCD 相机。

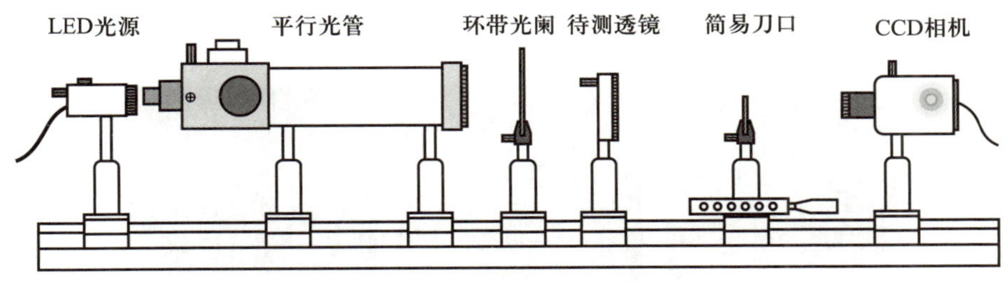

图 2.8.3　刀口法球差测量装置

（2）LED 光源通过小孔平行光管准直，待测透镜会聚焦点，通过最大、最小两种环带光阑分别选光，使用刀口装置在焦点位置之前依次沿光轴切过，在焦点后的观察装置依次接收阴影，根据阴影环的变化现象寻找会聚切点，测量两个会聚切点得到轴向的球差。

（3）LED 光源通过小孔平行光管准直，待测透镜会聚焦点，用最小环带光阑选光，接收装置放在会聚点后，根据阴影现象，用刀口找到会聚点，取走环带光阑，刀口切整个弥散会聚点，根据阴影逐渐变暗的过程，近似读取刀口垂轴移动距离，填写表 2.8.1。

表 2.8.1 刀口法测量球差数据

操作次数	最小环带光阑焦点位置 X_1/mm	最大环带光阑焦点位置 X_2/mm	轴向球差 $\lvert X_1-X_2\rvert$/mm
1			
2			
3			
平均值			

2. 像散测量

（1）LED 光源通过小孔平行光管准直，用最小光阑选光，待测透镜会聚焦点，在二维平移台上安装刀口装置，刀口与水平方向夹角 45° 切入光轴，调整刀口位置，可以看到经过透镜的光束将会聚到刀口的刀刃上，将装置整体固定在导轨上。

（2）将透镜微转一个角度固定，沿导轨方向改变刀口的前后位置，在刀口处于子午焦面与弧矢焦面中间时，将刀口横向遮挡即可看到图 2.8.4 中的某一幅图。

（3）调整刀口位置使得阴影与水平面垂直，如图 2.8.4（第一幅）所示，记录平移台示数 X_1；再次移动刀口位置可以看到阴影逐渐变化，直至与水平面重合，如图 2.8.4（最后一幅）所示，记录平移台示数 X_2，$\lvert X_2-X_1\rvert$ 即像散测量值。

（4）将数据记入表 2.8.2 中。

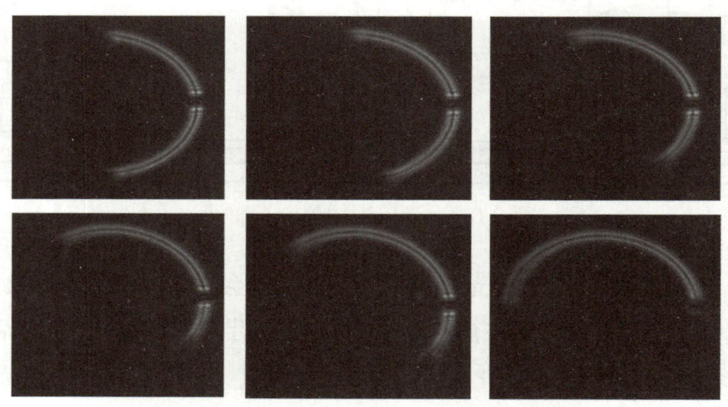

图 2.8.4 刀口法检测像散示意图

表 2.8.2 刀口法测量像差数据

操作次数	子午焦面 位置 X_1/mm	弧矢焦面 位置 X_2/mm	像散 $\|X_1-X_2\|$/mm
1			
2			
3			
平均值			

四、练习与思考

1. 请你对测量数据进行分析,试问引起测量误差的因素有哪些?
2. 试问你对本实验的过程、方法和手段有何思考和改进?

实验 2.9
数字资源

实验 2.9 剪切干涉法测量光学系统像差

预习思考题

1. 同一波长的光产生干涉的条件是什么，可能会产生什么现象？
2. 光学系统的像差会对干涉产生哪些影响？

剪切干涉法是让待测的原始波面产生相对错位，得到一个"剪切"过的剪切波面。将剪切波面和原始波面叠加在一起而产生干涉，干涉条纹的形状和位置决定于原始波面与剪切波面之间的相位关系。从观测到的干涉条纹图形，即可了解波面各处的状态。由于原始波面和剪切波面状态完全相同，从条纹形状就可以判定原始波面的状态，也就得到待测系统的波差。剪切的方式有角剪切、径向剪切和横向剪切等多种，横向剪切是最简单、常用的一种。本实验利用玻璃平行平板构成简单的横向剪切干涉仪观察单薄透镜的剪切干涉条纹，并由干涉条纹分布求出透镜的几何像差和离焦量。

一、任务

1. 了解横向剪切干涉技术测量光学系统像差的工作原理。

2. 掌握利用大球差镜头的剪切干涉条纹分布测算出该镜头的初级球差比例系数和光路的轴向离焦量的方法。

二、实验原理

如图 2.9.1 所示，假设 W 和 W' 分别为原始波面和剪切波面，原始波面相对于平面波的波像差（光程差）为 $W(\xi,\eta)$，其中 $P(\xi,\eta)$ 为波面上的任意一点 P 的坐标，当波面在 ξ 方向上有一位移 s（即剪切量为 s）时，在同一点 P 上剪切波面的波像差为 $W(\xi-s,\eta)$，所以原始波面与剪切波面在 P 点的光程差（波像差）为

$$\Delta W(\xi,\eta)=W(\xi,\eta)-W(\xi-s,\eta) \tag{2.9.1}$$

由于两波面有光程差 ΔW，所以会形成干涉条纹，设在 P 点的干涉条纹的级次为 N，光的波长为 λ，则有

$$\Delta W=N\lambda \tag{2.9.2}$$

能产生横向剪切干涉的装置很多，最简单的是平行平板干涉仪。

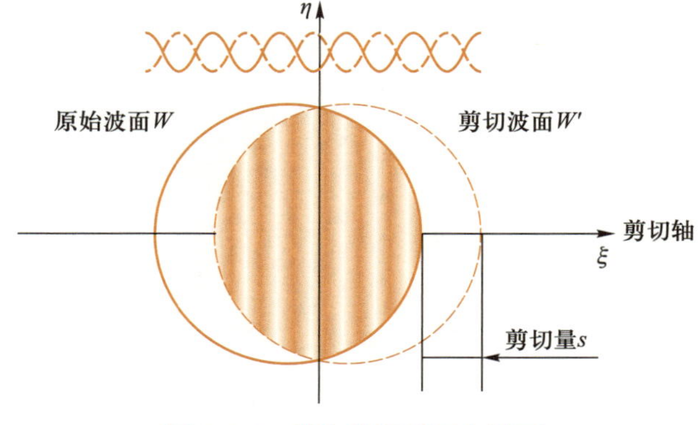

图 2.9.1 横向剪切的两个波面

图 2.9.2 为平行平板横向剪切干涉仪的示意图。由于平行平板有一定厚度和对入射光束的倾角，因此通过被检测透镜后的光波被玻璃平板前后表面反射后形成的两个波面发生横向剪切干涉，剪切量为 s，$s=2dn\cos i'$，其中 d 为平行平板的厚度，n 为平行平板的折射率，i' 为光线在平行平板内的折射角。s 一般为 1~3 mm。

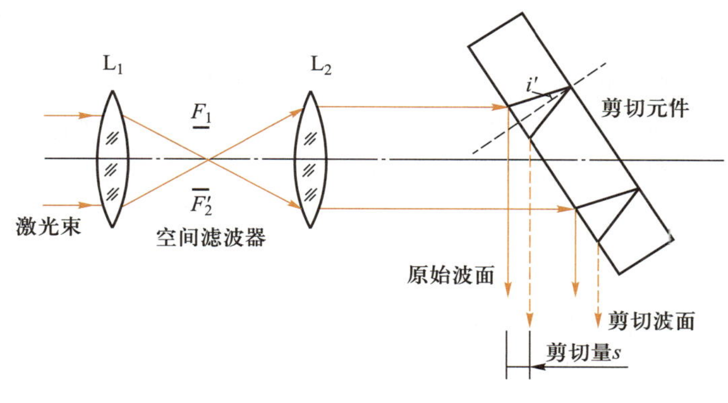

(a) 焦点重合时

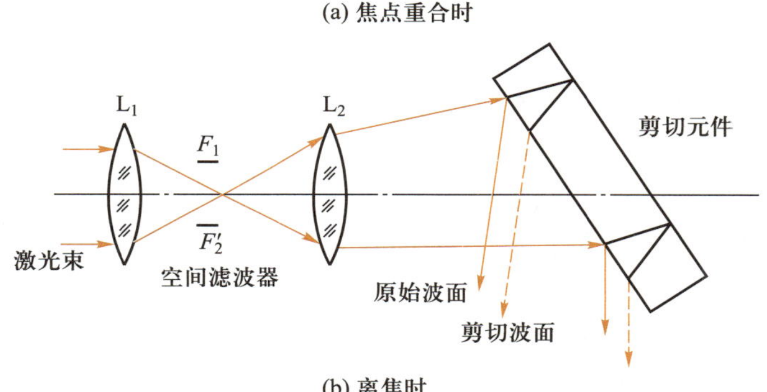

(b) 离焦时

图 2.9.2　平行平板横向剪切干涉仪示意图

当使用光源为氦氖激光时，由于光源的良好的时间和空间相干性，就可以看到很清晰的干涉条纹。条纹的形状反映波面的像差，分析计算如下：

如图 2.9.3 所示为光学系统的物平面和入射光瞳平面，其坐标分别为 (x,y) 和 (ξ,η)，AO 为光轴。对于旋转轴对称的透镜系统，只需要考虑物点在 y 轴上的情形［物点的坐标为 $(0,y_0)$］。波面的光程 W 只是 ξ、η 和 y_0 的函数，即

$$W(\xi,\eta,y_0)=E_1+E_3+\cdots \tag{2.9.3}$$

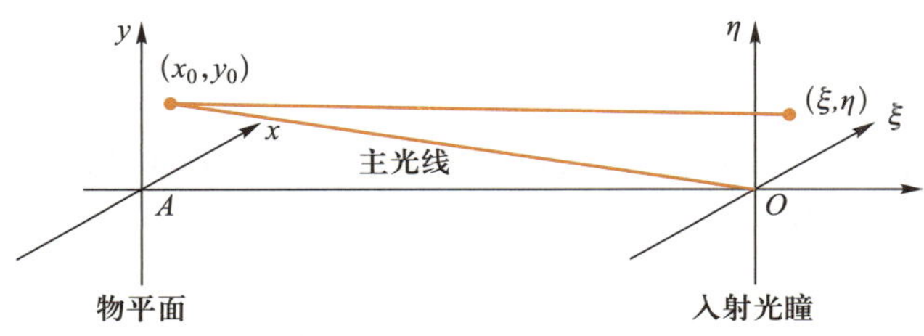

图 2.9.3　计算原理图

其中 E_1 是近轴光线的光程：

$$E_1=a_1(\xi^2+\eta^2)+a_2y_0\eta \tag{2.9.4}$$

上式中，$a_1=\Delta z/2f^2$，$a_2=1/f$，y_0 是物点的垂轴离焦距离，Δz 是物点的轴向离焦距离。

E_3 是赛德尔像差（初级波像差系数：b_1 为场曲，b_2 为畸变，b_3 为球差，b_4 为彗差，b_5 为像散）：

$$E_3=b_1y_0^2(\xi^2+\eta^2)+b_2y_0^3\eta+b_3(\xi^2+\eta^2)^2+b_4y_0\eta(\xi^2+\eta^2)+b_5y_0^2\eta^2 \tag{2.9.5}$$

为了计算结果的表达方便，将（2.9.1）式写成对称的形式，光瞳面（ξ,η）上原始波面与剪切波面的剪切干涉的结果为

$$\Delta W(\xi,\eta,s)=W(\xi+s/2,\eta)-W(\xi-s/2,\eta) \tag{2.9.6}$$

将前面的（2.9.4）式、（2.9.5）式代入（2.9.6）式就可得具体的表达式，下面只讨论透镜具有初级球差和轴向离焦的情况。扩束镜（短焦距透镜）焦点与被测准直透镜焦点 F 不重合（即物点与 F 不重合），但只有轴向离焦（Δz 不为零，$y_0=0$）：

$$W(\xi,\eta)=a_1(\xi^2+\eta^2)+a_2y_0\eta \tag{2.9.7}$$

由于剪切方向在 ξ 方向，所以

$$\Delta W(\xi,\eta,s)=2a_1s\xi \tag{2.9.8}$$

所以干涉条纹方程为

$$\xi=\frac{m\lambda}{2a_1s}\quad(m=0,\ \pm1,\ \pm2,\cdots)$$

上式为平行于 η 轴，间隔为 $\dfrac{\lambda}{2a_1s}$ 的直条纹，剪切条纹的零级条纹在 $\xi=0$ 处。

扩束镜焦点与被测准直透镜焦点 F 不重合，只有轴向离焦（Δz 不为零，$y_0=0$），透镜具有初级球差（b_3 不为零）。剪切方向在 ξ 方向：

$$W(\xi,\eta)=a_1(\xi^2+\eta^2)+b_3(\xi^2+\eta^2)^2 \tag{2.9.9}$$

所以波像差方程为

$$\Delta W(\xi,\eta,s)=2\eta s[a_1+2b_3(\xi^2+\eta^2)]+b_3\eta s^3 \tag{2.9.10}$$

此时亮条纹方程为

$$2\xi s[a_1+2b_3(\xi^2+\eta^2)]+b_3\xi s^3=m\lambda\quad(m=0,\pm1,\ \pm2,\cdots) \tag{2.9.11}$$

初级球差 $\delta L'$ 与孔径的关系式为

$$\delta L'=A\left(\frac{h}{f'}\right)^2 \tag{2.9.12}$$

其中 $h^2=\xi^2+\eta^2$，ξ 和 η 为孔径坐标，f' 为透镜的焦距 f，A 为初级几何球差比例系数，而对应的波像差为其积分，即

$$W=\frac{n'}{2}\int_0^h\delta L'\mathrm{d}\left(\frac{h}{f'}\right)^2 \tag{2.9.13}$$

将(2.9.12)式代入(2.9.13)式并积分,结果为

$$W(\delta L')=\frac{Ah^4}{4f'^4}=b_3(\xi^2+\eta^2)^2 \tag{2.9.14}$$

由于 $h^2=\xi^2+\eta^2$,所以由(2.9.11)式可以求出 b_3 与 $\delta L'$、A 的关系式为

$$b_3=\frac{\delta L'}{4f'^2h^2}=\frac{A}{4f'^4} \tag{2.9.15}$$

因此,在(2.9.8)式中,令 $\Delta W=\frac{1}{2}m\lambda$ 就得到实验中的暗条纹方程,即

$$2\xi sa_1+4sb_3\xi^3+4sb_3\xi\eta^2+b_3\xi s^3=\frac{1}{2}m\lambda \tag{2.9.16}$$

利用最小二乘法拟合,用实验图上暗条纹的分布解出 a_1 和 b_3,由(2.9.4)式的说明和(2.9.12)式分别求出轴向离焦距离 Δz 和初级球差 $\delta L'$。

三、实验步骤

1. 按图 2.9.4 搭建光路,准直镜即被测透镜。导轨从左到右依次为 He-Ne 激光器、显微物镜(扩束镜)、针孔、可调孔径光阑、平凸薄透镜(100 mm)、平行平晶,在滑轨的一定角度处放置白屏、带变焦镜头的 CCD 相机。

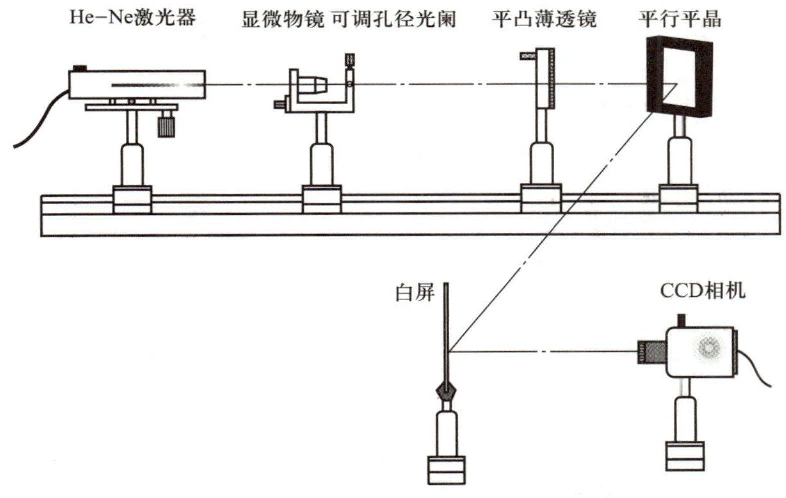

图 2.9.4 剪切干涉实物图

2. 调整器件高度,使激光通过扩束镜、针孔和平凸薄透镜后为平行光(扩束镜的焦点和准直镜的焦点重合),此时扩束镜下方轴向的平移丝杆读数为 L_1。使激光从平行平晶的中心通过,白屏上的光点高度应和 CCD 相机上的变焦镜头在同一高度。此时在白屏上出现的图案如图 2.9.5 所示。

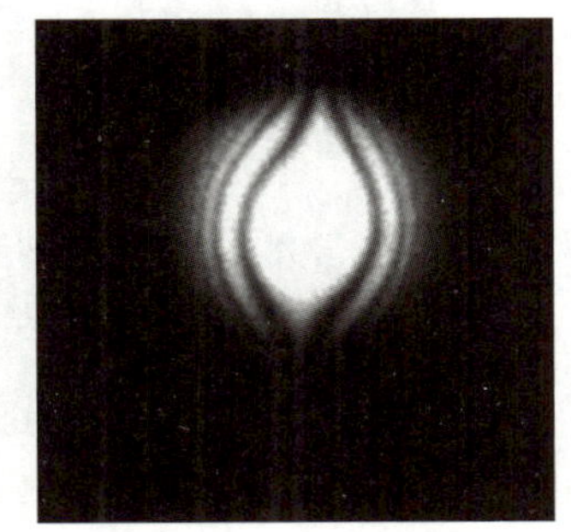

图 2.9.5 焦点处的图像

3. 把可调孔径光阑放置在薄透镜和平行平晶之间,把其孔径调制到最小,这样白屏上会出现两个亮点。用 CCD 相机采集图像,保证 CCD 相机的成像面和白屏平行且白屏

上的刻度尺要保证水平，否则会影响计算精度。用计算机软件进行标定并求出这两个亮点之间的距离，这个距离就是剪切量 s。

移去可调孔径光阑，调节平凸薄透镜支座下的平移台，让透镜产生轴向离焦，并记录读数 L_2，轴向离焦距离 $\Delta z=L_2-L_1$。这时白屏上出现的图案应如图 2.9.6 所示（保证图像中心条纹为亮条纹，且图中亮纹条数至少为 7），为了保证计算精度，用 CCD 相机采集此图案（采集时让实验室处于暗环境）。

4. 利用软件求出被测透镜的轴向离焦距离和初级球差（见附录），并与测量的轴向离焦距离及理论值初级球差比例系数比较。实验结束时要将调节短焦距透镜支架的微调旋钮旋转到零位，以避免内部的器件因长期受力而变形。

四、思考题

1. 要得到理想图形时，各光学元件必须严格同心，为什么？
2. 这个实验可以有哪些实际应用？

附录 软件操作说明

1. 点击右边操作按钮“读入标定图像”，在选择对话框中读入待测图像。
2. 在“Tools”中选择“Date curser”。
3. 在左边“标定图”中选择相距 10 mm 的两个位置，分别将两个位置的坐标填入“输入标定参数”。
4. 点击“相机标定计算”，软件会输出标定值。
5. 输入二值化值，比如“50”，点击“生成二值化图”，点击“计算横向剪切量”，即可获得数值。
6. 点击“横向剪切图像”，读入横向剪切图像。
7. 选择“扫描图”中六个波谷的横坐标值，即可拟合 a_1 和 b_3 的参数值。
8. 输入待测透镜焦距和半径值，例如 f=200 mm，半径为 19 mm。
9. 点击“轴向离焦距离和初级球差”即可算出离焦距离和初级球差值。

其中：图 2.9.6 为求解横向剪切量的实物图；图 2.9.7 为求解被测透镜的轴向离焦距离和初级球差的实物图；图 2.9.8 为光斑像素与强度的关系图。

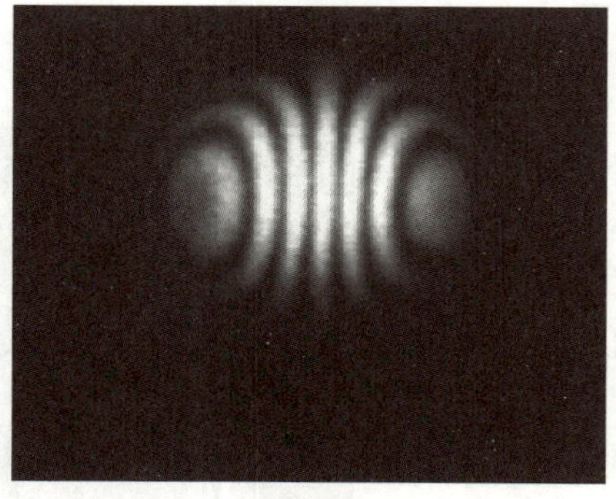

图 2.9.6 求解横向剪切量的实物图

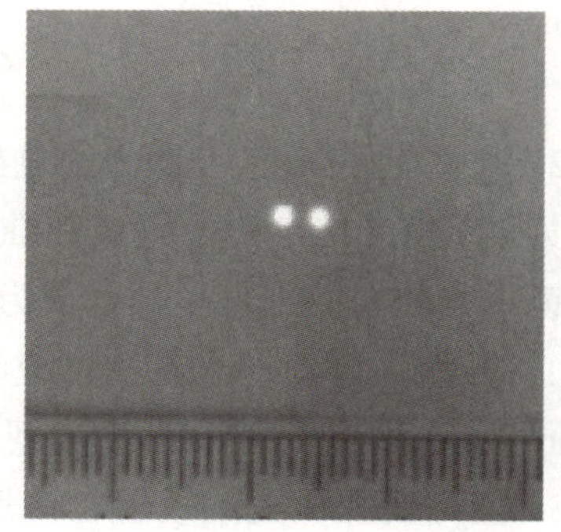

图 2.9.7 求解被测透镜的轴向离焦距离和初级球差的实物图

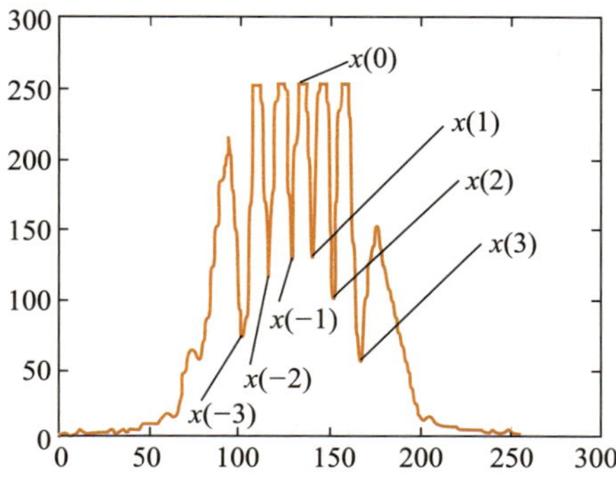

图 2.9.8 光斑像素与强度的关系图

实验 2.10
数字资源

实验 2.10 干涉综合实验

预习思考题

1. 什么是光的干涉？产生干涉的条件是什么？

2. 杨氏双缝干涉的第一个狭缝有没有存在的必要？如果去掉这个狭缝，能否出现干涉条纹？

3. 菲涅耳双棱镜干涉实验中，棱镜楔角和干涉条纹宽度之间有什么关系？

4. 对菲涅耳双面反射镜而言，两个镜面之间的夹角对干涉条纹的质量有什么影响？

5. 菲涅耳双棱镜干涉、菲涅耳双面反射镜干涉、劳埃德镜干涉能否等效为杨氏双缝干涉？如能，请画出等效光路。

光的干涉现象是光的波动性的重要特征，1801 年英国物理学家托马斯·杨（Thomas Young）在实验室里成功地观察到了光的干涉。其后，菲涅耳（A. Fresnel）等人用波动理论很好地说明了干涉现象的各种细节，到了 20 世纪初，干涉理论就已经相当完善了。光的干涉技术被广泛运用在许多领域当中，利用光的干涉原理可以进行光学部件的精密测量、对微小改变量进行精密测定、制备增透膜和增反膜、测定物质的折射率、制作干涉滤光片分离不同的颜色等。

光波干涉的原理

光波服从波的叠加原理，当两列频率相同、振动方向相同、相位差恒定的波相遇的时候，在相遇的区域会出现有些位置振动的振幅加强，而有些位置振动的振幅减弱的情况，如果两列波叠加形成了只随空间位置变化而不随时间变化的合成振幅分布，这种现象被称为波的干涉。

两个波源 S_1 和 S_2，它们的圆频率都是 ω，振幅分别为 A_1 和 A_2，两个波源发出来的光波在介质中传播，并在 P 点相遇，则 P 点两波引起的振动分别可以表示为

$$E_1=A_1\cos(\omega t+\varphi_1)$$

$$E_2=A_2\cos(\omega t+\varphi_2) \tag{2.10.1}$$

根据波的叠加原理，在两列波相遇点 P 处引起的合振动可以表示为

$$E=E_1+E_2=A\cos(\omega t+\varphi) \tag{2.10.2}$$

其中

$$A^2=A_1^2+A_2^2+2A_1A_2\cos\Delta\varphi \tag{2.10.3}$$

相位差 $\Delta\varphi=\varphi_2-\varphi_1$。光探测器测量到的光强大小 $I\propto A_2$，则有

$$I=I_1+I_2+2\sqrt{I_1I_2}\cos\Delta\varphi \tag{2.10.4}$$

因此，P 点的光强由两列波在 P 点的相位差 $\Delta\varphi$ 决定。当波源的初始相位相同的时候，$\Delta\varphi$ 只取决于波源与 P 点之间的光程差 δ。在空间的不同点有不同的光程差 δ，使得空间中不同位置的光强 I 的大小不同。对于同一个点而言，光程差 δ 不变，I 的大小也就不随时间变化，空间中形成稳定的光强分布，即形成干涉。

2.10.1 杨氏双缝干涉

杨氏双缝干涉实验（图 2.10.1.1）是分波振面法的最著名的实验。托马斯·杨（Thomas Young）总结出版了他的《自然哲学讲义》，里面综合整理了他在光学方面的工作，并首次描述了双缝实验：把一支蜡烛放在一张开了一个小孔的纸前面，这样就形成了一个点光源（从一个点发出的光源）。现在在纸后面再放一张纸，不同的是第二张纸上开了两道平行的狭缝。从小孔中射出的光穿过两道狭缝投到屏幕上，就会形成一系列明、暗交替的条纹，这就是现在众人皆知的双缝干涉条纹。通过分析这个实验，可以了解分波振面干涉的特点，并以此为基础得到一些普适的结论。

图 2.10.1.1 杨氏双缝干涉实验装置图

杨氏双缝干涉实验装置图

一、任务

1. 观察杨氏双缝干涉的实验现象，认识光的干涉。
2. 利用杨氏双缝干涉的实验现象测量光波波长。

二、实验原理

杨氏双缝干涉实验的原理图如图 2.10.1.2 所示，在普通的单色光源（如钠灯）前放置小孔光阑 S，光透过 S 之后形成一个单色球面波。在 S 前方光源的照明范围内再放置一个双狭缝，两条狭缝分别为 S_1 和 S_2，S_1 和 S_2 彼此相距很近，而且到 S 的距离相等。根据惠更斯原理，S_1 和 S_2 将作为两个次波源向前发射光波，由于 S_1 和 S_2 发散出的光波来自同一光波，因而是相干光。这两个相干的光波在距离狭缝为 D 的接收屏上叠加，形成稳定的干涉图样。为了提高干涉条纹的亮度，在实际实验中 S、S_1 和 S_2 是三个彼此平行的狭缝，在接收屏的位置放置目镜直接观测代替在接收屏上观察，目镜当中的测量装置可以直接对干涉条纹宽度进行精确的测量和读数。在激光出现后，由于激光有非常好的相干性、单色性，并且亮度很高，因此也可以用氦氖激光器产生的激光束直接照明双缝，这样在屏幕上就能观察到非常明显的干涉条纹。

如图 2.10.1.2 所示，设双缝之间的间距为 d，双缝所在平面和接收屏之间的间距为 D，接收屏与双缝中垂线垂直。假设 S_1 和 S_2 到 S 的距离相等，从 S 发出的光达到 S_1 和 S_2 的时候具有相同的相位，则接收屏上各点的强度只与 S_1 和 S_2 距离观察屏的光程差 $\delta=r_2-r_1$ 有关。如图所示，以 S_1 和 S_2 的中点为原点建立直角坐标系 $Oxyz$，x 轴的方向为 S_1 和 S_2 连线方向，z 轴的方向为 S_1 和 S_2 中垂线的方向，假定屏幕上任意点 P 的坐标为 (x, y, D)，那么 S_1 和 S_2 到 P 点的距离 r_1 和 r_2 与 x、d 和 D 之间有如下关系：

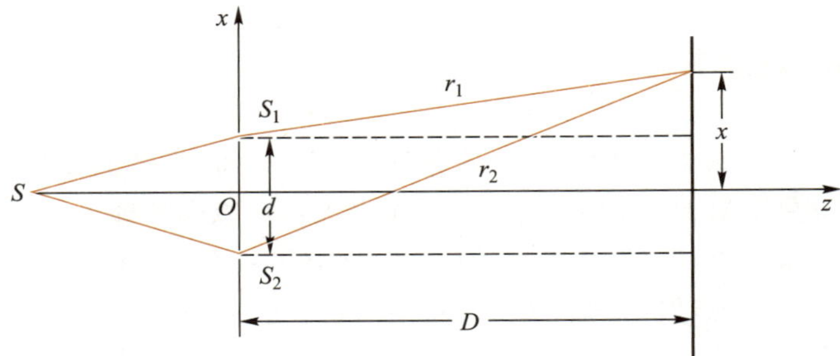

图 2.10.1.2 杨氏双缝干涉实验原理图

$$r_1^2=D^2+\left(x-\frac{d}{2}\right)^2 \tag{2.10.1.1}$$

$$r_2^2=D^2+\left(x+\frac{d}{2}\right)^2 \tag{2.10.1.2}$$

用（2.10.1.2）式减（2.10.1.1）式可得

$$r_2^2-r_1^2=(r_2-r_1)(r_2+r_1)=2dx \tag{2.10.1.3}$$

在实际情况中，$d\ll D$ 且 x 比 D 也小很多，则有 $r_2+r_1\approx 2D$，根据（2.10.1.3）式可得两狭缝到接收屏的光程差为

$$\delta=\frac{xd}{D} \tag{2.10.1.4}$$

根据干涉强度的分布公式：

$$\delta=\begin{cases}k\lambda\,(k=0,\pm1,\pm2,\cdots), & \text{相干相长}\\ \left(k+\dfrac{1}{2}\right)\lambda\,(k=0,\pm1,\pm2,\cdots), & \text{相干相消}\end{cases} \tag{2.10.1.5}$$

可以得到接收屏上干涉强度的分布：

$$x=\begin{cases}k\dfrac{D\lambda}{d}(k=0,\pm1,\pm2,\cdots), & \text{光强极大}\\ \left(k+\dfrac{1}{2}\right)\dfrac{D\lambda}{d}(k=0,\pm1,\pm2,\cdots), & \text{光强极小}\end{cases} \tag{2.10.1.6}$$

条纹宽度为相邻两光强极大值或者光强极小值之间的距离，反映了条纹的疏密程度，用Δx 表示，用光强极大值来计算，则有

$$\Delta x=x_{k+1}-x_k=(k+1)\frac{D\lambda}{d}-k\frac{D\lambda}{d}$$

$$\Delta x=\frac{D\lambda}{d} \tag{2.10.1.7}$$

其中 d 为两狭缝 S_1 和 S_2 间距，D 为双缝屏到接收屏（在实验中为测微目镜平面）的距离，λ 为照明光波长。如果能在实验中测得 d、D 和干涉条纹的间距Δx，则可利用（2.10.1.7）式计算出照明光波长 λ 。

三、实验步骤

1. 参照图 2.10.1.3 所示，将所有的实验仪器按顺序在光学平台上摆好，并调成共轴系统。钠灯（可加圆孔光阑）发出的光经准直透镜聚焦于狭缝上。调整单缝和双缝使两者平行，并使得单缝出射的光束照射在双缝中间。

2. 在双缝后用眼睛观察，找到干涉条纹所在的位置，再放入测微目镜进行观察，调节测微目镜的高度和位置，使得干涉条纹在目镜视场的中心。

3. 调节单缝和双缝平面的平行度，使得干涉条纹最清晰。

4. 调节测微目镜，使得干涉条纹最清晰。

5. 用测微目镜测出干涉条纹的间距Δx，双缝到测微目镜焦平面上叉丝分划板的距离 D。

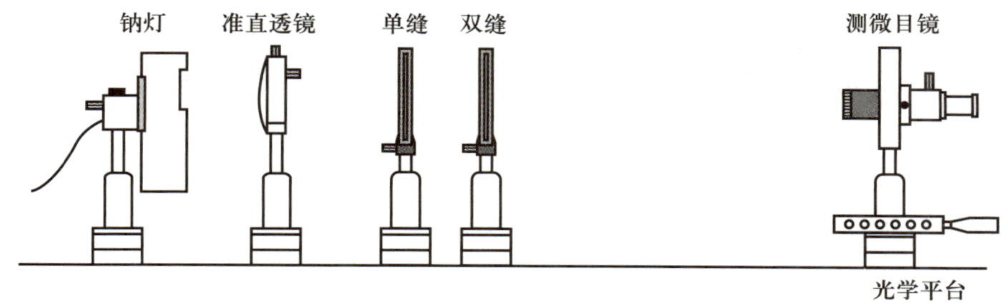

图 2.10.1.3　杨氏双缝干涉光路装配图

6. 利用已知的双缝间距 d（图 2.10.1.4），再将测量的Δx 和 D 代入（2.10.1.7）式，计算出照明光波长 λ，填入表 2.10.1.1，并和真实值进行比较，求出误差并找出误差原因。

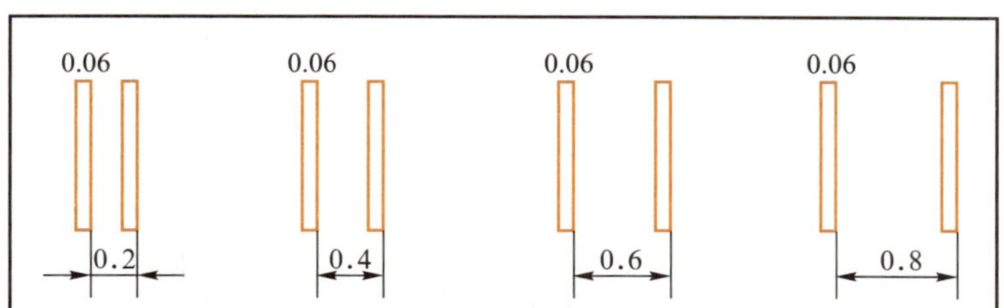

图 2.10.1.4　双缝间距

表 2.10.1.1　双缝干涉测波长的数据及结果

照明光波长	双缝间距 d	双缝与测微目镜间距 D	条纹宽度Δx	波长平均值$\overline{\lambda}$
λ =589.3 nm				

四、练习与思考

1. 如果将照明光换成氦氖激光束,则观察到的条纹宽度会有什么变化?
2. 如果在狭缝 S_1 后贴一块玻璃,则干涉条纹会发生怎样的变化?
3. 为了使得干涉条纹易于观察,在实验中需要注意哪些问题?

2.10.2 菲涅耳双棱镜干涉

法国科学家菲涅耳(Augustin J.Fresnel)在 1826 年进行的双棱镜实验,证明了光的干涉现象的存在,它不借助光的衍射而形成分波振面干涉,用毫米级的测量得到纳米级的精度,在确立光的波动学说的历史过程中起到了重要的作用,其物理思想、实验方法与测量技巧至今仍然值得我们学习。菲涅耳双棱镜由两个折射角很小的直角棱镜组成,且两个棱镜的底边连在一起,用它可实现分波振面干涉。它是一种用简单仪器测量光波波长的主要元件,通过对其产生的干涉条纹间距等毫米级长度量的测量,可推算出光波波长。

一、任务

1. 了解菲涅耳双棱镜干涉的原理。
2. 掌握用这种双棱镜测量波长的方法。

二、实验原理

1. 菲涅耳双棱镜干涉原理

如图 2.10.2.1 所示,菲涅耳双棱镜是由两块底面相接、棱角很小(小于 1 度)的直角棱镜拼合而成。光源发出来的单色光经过单缝 S 之后形成柱面波,如若 S 位于双棱镜的正前方,从 S 射出来的光束通过双棱镜折射后形成两束互相重叠的光束,这两束光相当于从狭缝 S 的两个虚像 S_1 和 S_2 射出的两束相干光。它们在波束重叠的区域内产生了干涉,在该区域内放置观察屏,即可在屏上看到稳定的明暗分布的干涉图样。

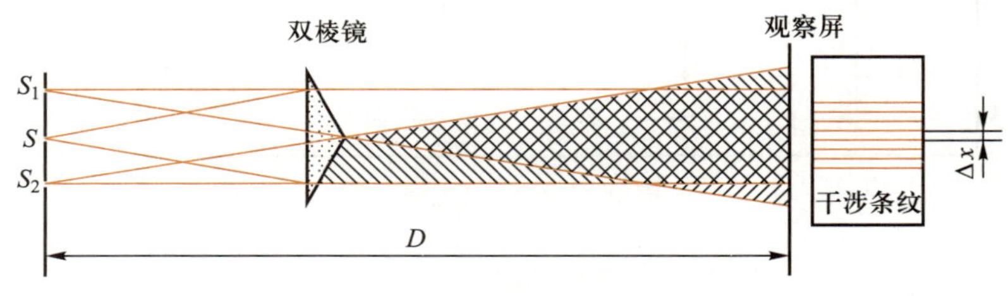

图 2.10.2.1 菲涅耳双棱镜示意图

下面,我们定量地分析观察屏上干涉条纹的分布情况。根据之前的分析可知,菲涅耳双棱镜干涉可以等效成杨氏双缝干涉,如图 2.10.2.2 所示,设双缝 S_1 和 S_2 的间距为 d,单缝 S 到观察屏之间的距离为 D,过 S 的垂线与观察屏相交于 O 点,观察屏上一点 P 与 O 之间的距离为 x,S_1 与 P 点相距 r_1,S_2 与 P 点相距 r_2。过 S_1 向 r_2 作垂线与 r_2 交于 Q 点。

当 $d \ll D$ 且 $x \ll D$ 时,可以认为 $S_2Q=r_2-r_1=\delta$,则有 $\frac{\delta}{d}=\frac{x}{SP}\approx\frac{x}{D}$。因此光程差 δ 和 P 点位置存在如下关系:

$$\delta=\frac{xd}{D} \tag{2.10.2.1}$$

上式在形式上和(2.10.1.4)式相同。因此,根据(2.10.1.5)式和(2.10.1.6)式可以得到,干涉条纹宽度可表示为

$$\Delta x=\frac{D\lambda}{d} \tag{2.10.2.2}$$

其中 d 为等效的两狭缝 S_1 和 S_2 的间距,D 为双缝屏到接收屏(在实验中为测微目镜平面)的距离,λ 为照明光波长。如果能在实验中测得 d、D 和干涉条纹的间距 Δx,则可利用(2.10.2.2)式计算出照明光波长 λ 。

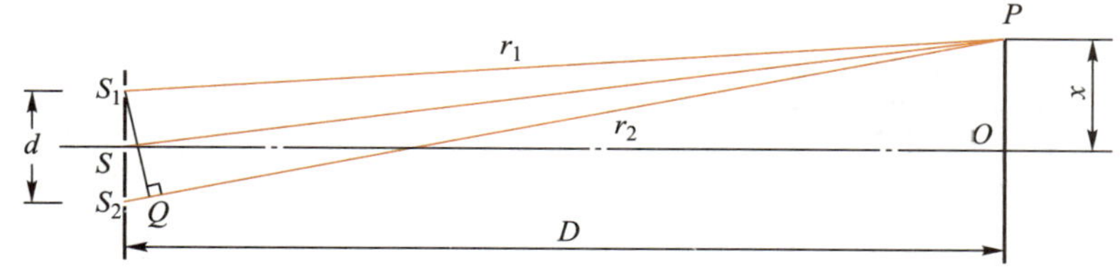

图 2.10.2.2 菲涅耳双棱镜干涉原理图

2. 二次成像法测量双缝间距

如图 2.10.2.3 所示,将一个焦距为 f 的透镜放置在缝平面和观察屏之间。当保持缝平面、观察屏位置不变且间距大于 $4f$ 时,移动透镜的位置,当透镜分别处在 O 和 O' 处时,可以分别在观察屏上看到清晰的实像,其中一个是缩小的像,双缝像间距为 d_1;另一个是放大的像,双缝像间距为 d_2。假设 u 为缝平面到 O 之间的距离,v 为 O 到观察屏之间的距离,u' 为缝平面到 O' 之间的距离,v' 为 O' 到观察屏之间的距离。

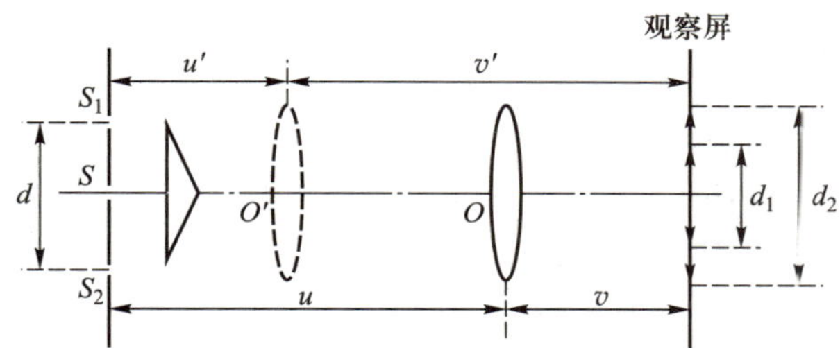

图 2.10.2.3 二次成像法测双缝间距原理图

根据二次成像原理,有$\frac{d}{d_1}=\frac{u}{v}$,且$\frac{d}{d_2}=\frac{u'}{v'}$,可得

$$d=\frac{u}{v}d_1 \tag{2.10.2.3}$$

$$d=\frac{u'}{v'}d_2 \tag{2.10.2.4}$$

将两式相乘可得

$$d^2=\frac{uu'}{vv'}d_1d_2 \tag{2.10.2.5}$$

根据几何关系和光的可逆性原理有 $u=v'$，且 $u'=v$，将此关系代入（2.10.2.5）式可得

$$d^2=d_1d_2$$

$$d=\sqrt{d_1d_2} \tag{2.10.2.6}$$

根据（2.10.2.6）式，如果能在实验中测得二次成像的缝宽 d_1 和 d_2，就能得到双缝虚像的间距 d。

三、实验步骤

1. 参照图 2.10.2.4 所示，将所有的实验仪器按顺序在光学平台上摆好，并调节成共轴系统。钠灯（可加圆孔光阑）发出的光经凸透镜聚焦于狭缝上。调节单缝和双棱镜的棱脊平行，使单缝射出的光打在棱脊正中位置，对称地照在棱脊两侧。

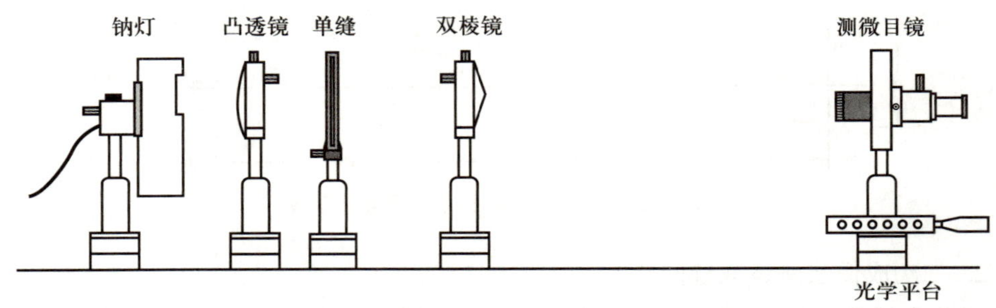

图 2.10.2.4 菲涅耳双棱镜光路装配图

2. 如图 2.10.2.5 所示，保持单缝、双棱镜的位置不动，在双棱镜之后放置一个焦距 $f=150$ mm 的透镜，使得单缝与测微目镜的距离 $D>4f$。移动透镜，使得目镜中可以看到缩小的清晰缝像，记录缝像之间的间距 d_1。再次移动透镜，使得目镜中可以看到放大的清晰缝像，记录缝像之间的间距 d_2。将记录的缝像间距填入表 2.10.2.1，根据（2.10.2.6）式计算双缝虚像间距 d。

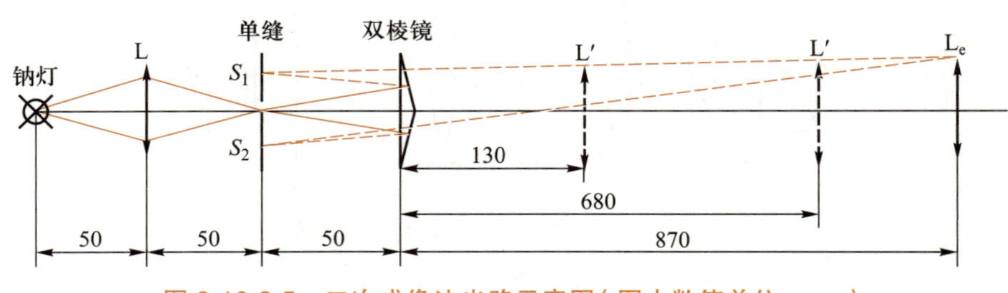

图 2.10.2.5 二次成像法光路示意图（图中数值单位：mm）

表 2.10.2.1 二次成像法测缝像间距数据及结果

透镜焦距	缩小的缝像间距 d_1	放大的缝像间距 d_2	双缝虚像间距 d	间距平均值 $\overline{d}$
$f=150$ mm				

3. 去掉透镜并移开测微目镜，用白屏或者直接用眼睛观测到干涉条纹，在能观测的地方重新放置测微目镜进行观测。使相干光束处在目镜的视场中心，调节单缝和棱脊的平行度，使干涉条纹最清晰。双棱镜干涉图样应为等间隔的明暗相间的干涉条纹。

4. 用测微目镜测量干涉条纹的间距Δx，测量出单缝到测微目镜叉丝分划板的距离D，把测量的Δx、D和计算出的双缝虚像间距d填入表 2.10.2.2 中，根据（2.10.2.2）式计算照明光波长，并和钠灯的实际波长比较，计算误差并分析误差原因。

表 2.10.2.2 菲涅耳双棱镜干涉测波长数据及结果

双缝虚像间距 d	干涉条纹的间距 Δx	单缝到测微目镜的距离 D	照明光波长 λ	波长平均值 $\overline{\lambda}$

四、练习与思考

1. 菲涅耳双棱镜的顶角和条纹宽度之间有什么关系？
2. 如果狭缝方向与棱脊不平行，还能不能观察到干涉条纹？为什么？

2.10.3 菲涅耳双面反射镜干涉

菲涅耳双面反射镜是一种分波阵面干涉装置，在确立光的波动学说的历史过程中起到了重要的作用。它是由两块夹角很小的平面反射镜组成，通过测量干涉条纹的长度可以推算出光波波长。

一、任务

1. 了解菲涅耳双面反射镜干涉的原理。
2. 掌握用这种双面镜测量波长的方法。

二、实验原理

如图 2.10.3.1 所示，菲涅耳双面反射镜由两块紧接的平面反射镜 M_1 和 M_2 组成，两者之间的夹角φ非常小。S是一个平行于双面反射镜交线（图中以 M 表示）的狭缝，光源发出的光透过S之后照射在双面反射镜上，一部分被 M_1 反射，另一部分被 M_2 反射。这两束反射光是从同一入射波前分出来的，因此是相干光，能在重叠的区域形成稳定的干涉现象，在该区域内放置观察屏，即可在屏上看到稳定的明暗分布的干涉图样。

根据平面镜成像原理，两束反射光相当于从狭缝S的两个虚像S_1和S_2射出的两束相干光。与双棱镜干涉实验相似，屏幕上的干涉条纹宽度和照明光波长之间满足（2.10.2.2）式：$\Delta x=\dfrac{D\lambda}{d}$，其中$d$为等效的两狭缝$S_1$和$S_2$的间距，$D$为双缝到接收屏（在实验中为测微目镜平面）的距离，$\Delta x$为干涉条纹的间距，$\lambda$为照明光波长。在实验中，$\Delta x$可以用测微目镜测出，$d$可以用二次成像法测出，$D$可以用尺直接量出，则可利用上式计算出照明光波长$\lambda$。

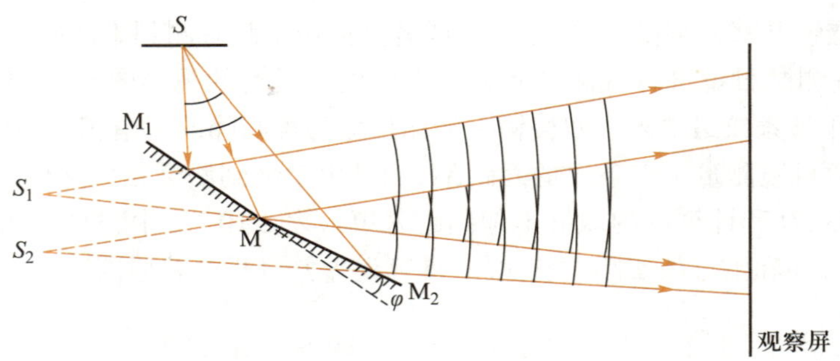

图 2.10.3.1 菲涅耳双面反射镜干涉原理图

三、实验步骤

1. 参照图 2.10.3.2 所示，将所有的实验仪器按顺序在光学平台上摆好，并调节成共轴系统，钠灯（可加圆孔光阑）发出的光经透镜聚焦于狭缝上。

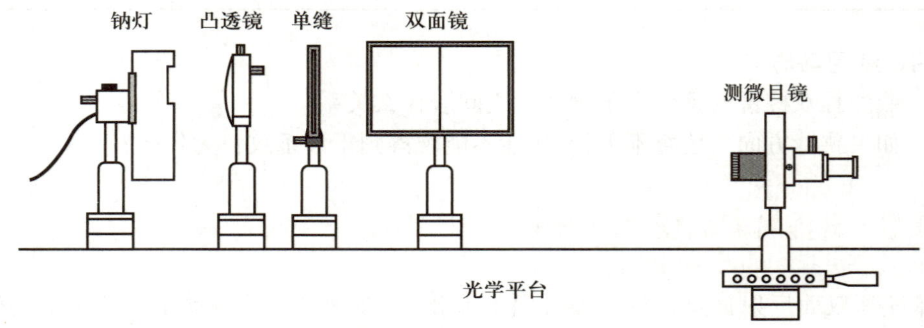

图 2.10.3.2 菲涅耳双面反射镜光路装配图

2. 调节双面镜的夹角，使其与入射光的夹角约为半度。在测微目镜中找到被双面镜反射的光线，调节单缝的宽度并旋转单缝使它与双面镜的双棱平行，此时在测微目镜中可以看到等间距的明暗相间的干涉条纹。

3. 保持狭缝、双面镜的位置不动，和菲涅耳双棱镜干涉类似，利用二次成像法测出双缝虚像间距 d。

4. 在测微目镜中找到干涉条纹，用测微目镜测量干涉条纹的间距Δx，测量出双面镜交棱到狭缝 S 以及测微目镜叉丝分划板的距离之和 D，把测量的Δx、D 和计算出的双缝虚像间距 d 填入表 2.10.3.1 中，根据（2.10.2.2）式计算照明光波长，并和钠灯的实际波长比较，计算误差并分析误差原因。

表 2.10.3.1 菲涅耳双面反射镜干涉测波长数据及结果

双缝虚像间距 d	干涉条纹的间距 Δx	单缝到测微目镜的距离 D	照明光波长 λ	波长平均值$\overline{\lambda}$

四、练习与思考

1. 菲涅耳双面反射镜的夹角和条纹宽度之间有什么关系？

2. 如果将钠灯换成氦氖激光器，实验光路有什么变化？条纹有什么变化？

2.10.4 劳埃德镜干涉

劳埃德镜干涉实验揭示了光波由光疏介质射向光密介质，在分界面上反射光波有半波损失的事实，因此是一个非常重要的干涉实验。从狭缝射出的光经由反射镜反射后和入射光干涉，通过测量干涉条纹的长度可以推算出光波波长。

一、任务

1. 了解劳埃德镜干涉的原理。

2. 掌握用劳埃德镜测量波长的方法。

二、实验原理

如图 2.10.4.1 所示，劳埃德镜是由一块普通平板玻璃构成的反射镜，光源发出来的单色光经过单缝 S 之后掠入射（入射角接近 90 度）在反射镜 A 上，再从反射镜反射。这部分反射光与直接从 S 射出来的光是从同一波前分出来的，相当于从狭缝 S 和它的虚像 S' 射出来的两束相干光，两束光在重叠区产生干涉，在该区域内放置观察屏，即可在屏幕上看到稳定的明暗分布的干涉条纹。

由图 2.10.4.1 可以看出，如果将屏幕放置在远离平面镜的地方，S 直接照射和反射的两束相干光的重叠区域位于 B 和 C 之间，但是这个区域内是观察不到 0 级干涉条纹的。如果要观察到 0 级干涉条纹，需要把屏幕移到虚线所示的位置和平面镜相连，此时在平面镜和屏幕相接的部分与 S 和 S' 两光源的几何距离相等，根据干涉强度分布公式（2.10.1.5）式，此处的光程差为 0，满足相干相长的条件，应该对应亮条纹。但实际的观察中会发现，平面镜和屏幕相接的位置观察到的是暗条纹，这是因为在光掠入射的条件下，光在射向折射率小的光疏介质和折射率大的光密介质的界面并发生反射的时候会产生 π 的相位突变，相当于光波少走或者多走了半个波长的光程，这称为半波损失。正是由于发生了半波损失，反射光与入射光之间满足相干相消的条件，才会在原本是亮条纹的地方观察到暗条纹。

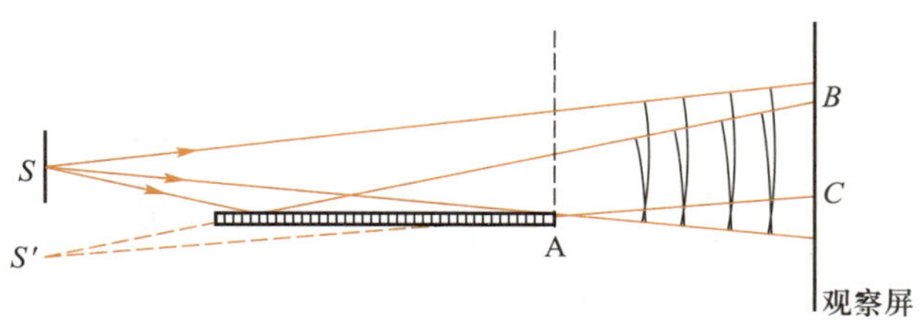

图 2.10.4.1 劳埃德镜干涉原理图

本实验与双棱镜干涉实验原理类似，干涉条纹宽度和照明光波长之间满足（2.10.2.2）式：$\Delta x=\dfrac{D\lambda}{d}$，其中 d 为狭缝 S 和其虚像 S' 的间距，D 为双缝到接收屏（在实验中为测微目镜平面）的距离，Δx 为干涉条纹的间距，λ 为照明光波长。在实验中，Δx 可以用测微目镜测出，d 可以用二次成像法测出，D 可以用尺直接量出，则可利用此式计算出照明光波长 λ 。

三、实验步骤

1. 参照图 2.10.4.2 所示，将所有实验仪器在光学平台上摆好，并调节成共轴系统。

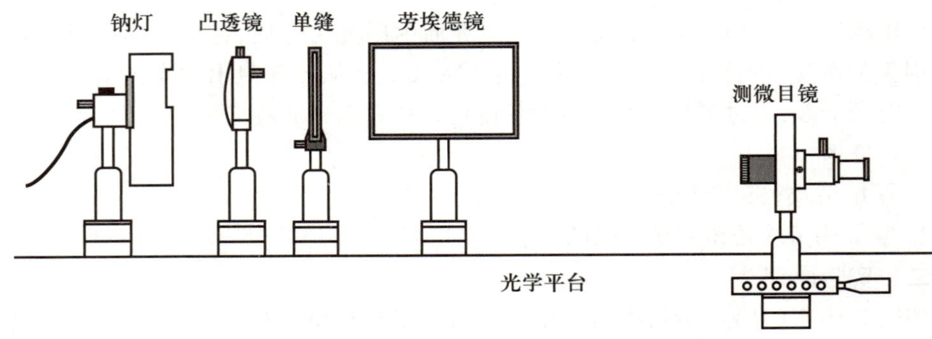

图 2.10.4.2 劳埃德镜干涉光路装配图

2. 钠灯（可加圆孔光阑）发出的光经透镜聚焦于狭缝上，将处于竖直方向上的劳埃德镜由一侧逐渐向狭缝处推动。在推动劳埃德镜的同时，用眼睛在反射光方向上观察，将看到真实的缝 S 和反射镜中的虚像 S' 。随着劳埃德镜的推动，S 和 S' 将逐渐靠拢，轻微旋转劳埃德镜的角度，并调整其位置，使得看到的 S 和 S' 平行，并且两者相距约 2 mm，此时狭缝入射的光在劳埃德镜上处于掠入射状态，将劳埃德镜固定。在观察到 S 和 S' 的方向上放置测微目镜，可以看到等间距的明暗相间的干涉条纹。

3. 保持狭缝、劳埃德镜的位置不动，利用二次成像法测出缝 S 和虚像 S' 之间的距离 d。

4. 在测微目镜中找到干涉条纹，用测微目镜测量干涉条纹的间距 Δx，测量出狭缝 S 到测微目镜叉丝分划板之间的距离 D，把测量的 Δx、D 和计算出的 S 和 S' 的间距 d 填入表 2.10.4.1 中，根据（2.10.2.2）式计算照明光波长，并和钠灯的实际波长比较，计算误差并分析误差原因。

表 2.10.4.1 劳埃德镜干涉测波长数据及结果

S 和 S' 的间距 d	干涉条纹的间距 Δx	单缝到测微目镜的距离 D	照明光波长 λ	波长平均值 $\bar{\lambda}$

四、练习与思考

1. 是否能利用激光器找到被劳埃德镜反射的光路？应该如何操作？

2. 劳埃德镜放置的角度和干涉条纹宽度之间是否有关？如果角度过大会不会有什么问题？

实验 2.11
数字资源

实验 2.11 夫琅禾费衍射实验

预习思考题

1. 光的衍射具有哪些特征，与干涉现象有什么区别?
2. 工程应用中经常用艾里斑的大小表示系统的光学分辨率，为什么?

光波的一个重要特性是衍射。当波面完整的光波遇到尺寸与波长同数量级的小孔或者障碍物时，光的传播方向将明显偏离几何光学所决定的方向，这种现象称为光的衍射。

当光源和观察点距离小孔或障碍物的距离为有限远时，光波按球面波处理，这类衍射定义为菲涅耳（Fresnel）衍射；当光源和观察点距离小孔距离很远，光波可近似按平面波处理时，这类衍射定义为夫琅禾费（Fraunhofer）衍射。本实验将研究单缝和圆孔夫琅禾费衍射。

一、任务

1. 掌握衍射产生的条件及衍射的原理。
2. 观察夫琅禾费衍射图样，并推导单缝衍射公式。
3. 搭建单缝和圆孔夫琅禾费衍射的成像光路。

二、实验原理

1. 单缝夫琅禾费衍射原理

如图 2.11.1 所示，平行光垂直于单缝照射到透镜 L_1，形成明暗相间的衍射条纹。设狭缝的宽度为 a，入射光波长为 λ，则

$$I_\theta = I_0 \frac{\sin^2(\pi a\sin\theta/\lambda)}{(\pi a\sin\theta/\lambda)^2} \tag{2.11.1}$$

式中 I_0 是屏幕中心点 P_0 处的光强，它正比于光源 S 的强度和缝宽 a 的平方。$\pi a\sin\theta/\lambda$ 是狭缝中心和狭缝边缘所发光波在 θ 方向上的相位差。

当衍射光满足：

$$a\sin\theta = k\lambda \quad (k=\pm 1, \pm 2, \cdots) \tag{2.11.2}$$

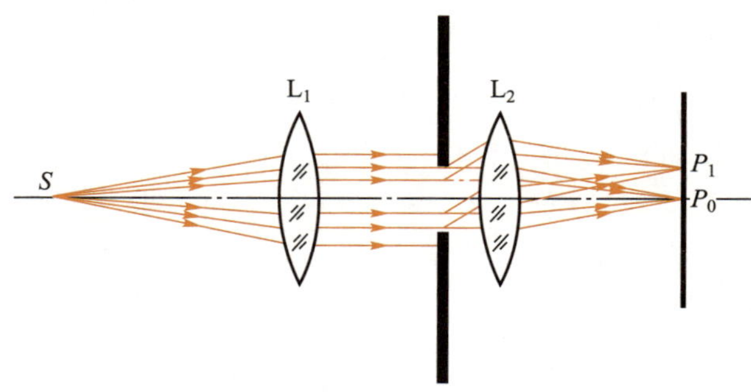

图 2.11.1 单缝夫琅禾费衍射原理

时，产生暗条纹；

当衍射光满足：

$$a\sin\theta=(2k+1)\lambda/2 \quad (k=0,\ \pm1,\ \pm2,\cdots) \tag{2.11.3}$$

时，产生明条纹。

对于近轴光线，θ 较小，于是

$$\sin\theta\approx\tan\theta\approx\theta$$

对于左边第 m（$k=m$）条和右边第 n（$k=n$）条暗纹，

$$a(\theta_1+\theta_2)=(m+n)\lambda$$

$$\theta_1+\theta_2=x_m+x_n=l$$

l 表示第 m 级和第 n 级暗条纹的间隔，所以

$$\lambda=\frac{al}{(m+n)f}$$

如果是亮纹，则公式可变为

$$\lambda=\frac{al}{(m+n+1)f} \tag{2.11.4}$$

2. 圆孔夫琅禾费衍射原理

平行单色光垂直照射到圆孔上，光通过圆孔后被透镜 L 会聚，可以生成明暗相间的衍射圆环。

观察屏上任意一点 P 的光强分布为

$$I(P)=I_0\left[\frac{\mathrm{J}_1\left(\pi\dfrac{dr}{f\lambda}\right)}{\pi\dfrac{dr}{\lambda f}}\right]^2 \tag{2.11.5}$$

其中，J_1 为一阶第一类贝塞尔函数，$\mathrm{J}_1(x)$ 可以展开成 x 的级数：

$$\mathrm{J}_1(x)=\sum_{k=0}^{\infty}\frac{(-1)^k}{k!(k+1)!}\left(\frac{x}{2}\right)^{2k+1} \tag{2.11.6}$$

式（2.11.5）中，I_0 为观察屏中心 O 处的光强，r 为观察屏上任一点 P 到观察屏中心 O 的距离，f 为透镜 L 的焦距，λ 为入射光的波长。由第一暗环所围成的中央亮斑称为艾里斑，集中了 84% 左右的光能量。第一暗环的直径，即中央亮斑的直径

$$D_{\mathrm{A}}=\frac{3.83}{\pi}\frac{\lambda f}{d}\approx1.22\frac{\lambda f}{d} \tag{2.11.7}$$

艾里斑的角直径为（D_{A} 为对观察透镜中心的张角）

$$\theta_{\mathrm{A}}=\frac{D_{\mathrm{A}}}{f}=1.22\frac{\lambda}{d} \tag{2.11.8}$$

三、实验步骤

1. 单缝夫琅禾费衍射实验步骤

（1）按图 2.11.2 的顺序将光学元件摆放在平台上，调至共轴。其中钠灯上放小孔，小孔直径 Φ=1 mm，小孔和测微目镜之间的距离必须保证满足远场条件。光源经过 L_1 后形成平行光束经过单缝，在紧靠单缝右侧安置大焦距透镜 L_2（焦距为 f）。

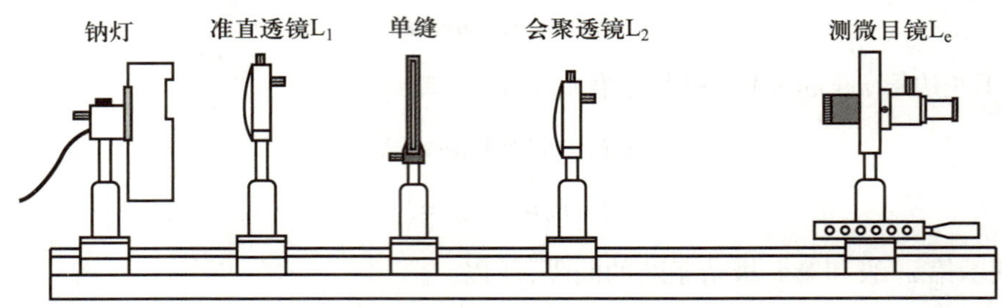

图 2.11.2 单缝夫琅禾费衍射实验光路

（2）将测微目镜置于透镜 L_2 的像方焦平面处，调节透镜 L_2 直至能在测微目镜中看到衍射条纹。如果无条纹，可以调节小孔的大小，直到找到合适的小孔为止。

（3）仔细调节狭缝的宽度，直到目镜视场内的中央条纹两侧各有可见度较好的三四条亮纹。记录两条同级条纹的间距 $2x_k$。

（4）读出狭缝宽度 a，记录下来并根据式（2.11.4）可得 $\lambda=\dfrac{2x_k a}{(2k+1)f}$，就可计算出波长，将以上数据填入表 2.11.1 中。

表 2.11.1 单缝衍射数据及结果

f	a	k	$2x_k$	λ	平均值 $\bar{\lambda}$

2. 圆孔夫琅禾费衍射实验步骤

（1）把所有器件按图 2.11.3 的顺序摆放在平台上，在钠灯上放置直径为 1 mm 的圆孔光阑，将所有器件调至共轴，光阑和测微目镜之间的距离必须保证满足远场条件。其中衍射圆孔的大小为 1 mm。（图中数据均为参考数据）

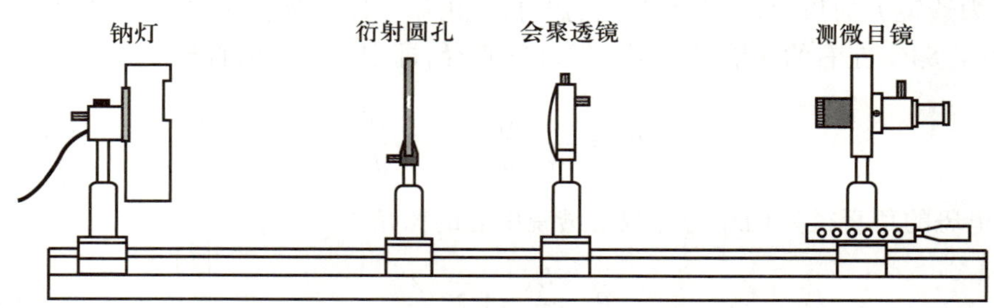

图 2.11.3 圆孔夫琅禾费衍射实验光路

（2）调节会聚透镜直至能在测微目镜中看到中心为亮斑的衍射条纹。

（3）记录下艾里斑的直径 D_A，根据式（2.11.7）计算艾里斑直径，填入表 2.11.2，并将两者进行比较。

表 2.11.2 圆孔衍射数据及结果

测量的艾里斑直径 D_A	透镜焦距 f	小孔直径 d	计算出的 D_A

四、练习与思考

1. 如果入射光源为白光，你将会看到什么现象？
2. 请问你对本实验的过程、方法和手段有何思考和改进？

实验 2.12
数字资源

实验 2.12 菲涅耳衍射实验

预习思考题

1. 菲涅耳衍射现象与夫琅禾费衍射现象有什么区别?
2. 半波带法计算衍射条纹做了哪些简化?

菲涅耳(Fresnel)衍射是在菲涅耳的理论近似成立的距离上观察的衍射现象,相对于观察夫琅禾费衍射而言,光源和光屏到障碍物的距离都不是很远,并且没有使用透镜。此时光线不能近似为平行光,即波阵面不是平面。菲涅耳衍射是普遍现象,夫琅禾费衍射只是衍射现象的一种特例。

目前,分析菲涅耳衍射多采用半波带法,此外还有菲涅耳积分法、分数傅里叶变换法,半波带法是一种近似方法。本实验搭建菲涅耳衍射的光学装置。

一、任务

1. 加深对菲涅耳衍射半波带的理解。
2. 掌握利用菲涅耳圆孔衍射测量圆孔直径的方法。

二、实验原理

单色激光光源照射圆孔时,在有限远处设置观察屏,可以观察到一组明暗交替的同心圆环。若以相同半径的不透光圆屏代替圆孔,可以在圆屏的几何影中心观察到两点,外围与圆孔衍射一样是明暗交替的圆环。

根据惠更斯 - 菲涅耳原理计算菲涅耳衍射的强度分布时,必须对波前作无限分割,然后用积分求次波的合振幅,计算复杂。因此定量解决菲涅耳衍射问题比较复杂,通常用定性或半定量的方法来分析。在处理圆孔或圆屏衍射时常用半波带法,它是用较为粗糙的分割来代替对波前的无限分割,次波叠加时的积分也相应简化成多项式求和。此方法可以方便地得出菲涅耳衍射的主要特征。

如图 2.12.1 所示,S 是波长为 λ 的点光源,P 为观察点。考虑半径为 R 的球面波前 Σ,它与 SP 交于 O 点,以观察点 P 为中心,依次以 $b+\lambda/2$, $b+\lambda$, $b+3/2\lambda$, $b+2\lambda$, …为半径作一系列球面,把 Σ 分割成许多以 O 点为中心的圆环带。将每个环带看成发射次波的一个单元,相邻两环带所发次波到达 P 点的光程差均为 $\lambda/2$(对应相位差为 π),故每个环带称为半波带。

从中心 O 算起,设第 k 个半波带在 P 点引起的振幅为 a_k,则有

$$a_k=\frac{2\exp(jkb)}{\pi\lambda}\frac{\Delta s_k}{r_k}F \qquad (2.12.1)$$

式中,Δs_k 为第 k 个半波带的面积,r_k 为它到 P 点的距离,F 为该半波带处的倾斜因子。从几何上证明$\dfrac{\Delta s_k}{r_k}$近似为常数,故 a_k 仅由倾斜因子决定,按

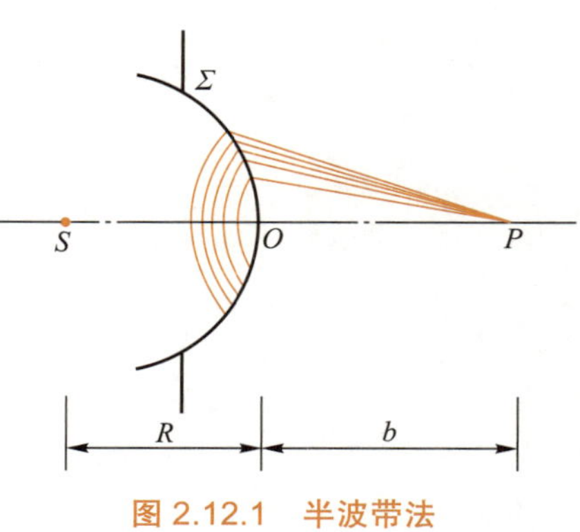

图 2.12.1 半波带法

菲涅耳的假设，有 $a_1>a_2>a_3>\cdots$，故 P 点的合振幅为

$$A=a_1-a_2+a_3-a_4+\cdots=\frac{a_1}{2}+(-1)^{n+1}\frac{a_n}{2} \tag{2.12.2}$$

当观察屏不动时，改变圆孔的大小，半波带的数目也改变；当半波带数为奇数时屏中央出现亮纹；当半波带数为偶数时屏中央出现暗纹。当圆孔的大小改变到很小或移动观察屏足够远时，菲涅耳衍射转化为夫琅禾费衍射。

通过分析还可以得到对于某个确定的衍射装置，在孔径平面上露出的半波带数 N 与圆孔半径 ε 的关系为

$$N=\frac{\varepsilon^2}{\lambda R}\left(1+\frac{R}{b}\right) \tag{2.12.3}$$

当 $N_2-N_1=1$ 时有如下关系：

$$\varepsilon^2=\frac{\lambda}{\dfrac{1}{b_2}-\dfrac{1}{b_1}} \tag{2.12.4}$$

对已知波长为 λ 的光源，通过记录相邻亮暗点距离孔径平面的距离 b_1 和 b_2，即可计算出圆孔的直径。

三、实验步骤

1. 按照图 2.12.2 搭建光路，使激光通过扩束镜照射到衍射圆孔上，用白屏接收衍射条纹。调节并观察，安装 $\phi=1.5$ mm 的衍射圆孔使屏逐渐远离圆孔，会看到衍射图样中心“亮—暗—亮”的变化。图样中心的亮或暗，取决于点光源与圆孔的距离、圆孔的半径和圆孔到白屏的距离。

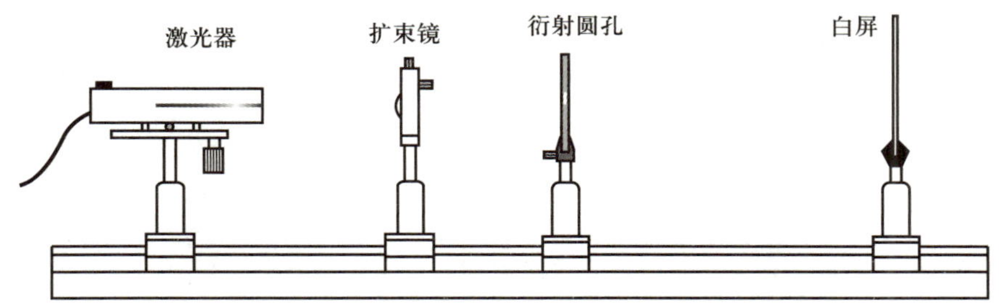

图 2.12.2 菲涅耳圆孔衍射实验光路

2. 更换不同孔径的圆孔，记录亮点和暗点距离孔径平面的距离 b，按照（2.12.4）式计算产生衍射的圆孔的直径，将计算值与圆孔的实际大小进行比较，并进行误差分析。

3. 将圆孔换成单缝，在缓慢、连续地将狭缝由很窄变到很宽的同时，注意屏上的衍射图样，可观察到与理论分析一致的由近似夫琅禾费单缝衍射逐渐变化成各种菲涅耳单缝衍射，最后形成两个对称的直边衍射的现象。

4. 固定缝宽，缓慢、连续地改变观察屏到衍射屏之间的距离，观察衍射现象的变化并分析。观察菲涅耳衍射、夫琅禾费衍射的转化，并与理论分析进行比较。

5. 针对不同孔径的圆孔，记录亮点和暗点距离孔径平面的距离 b_1 和 b_2，根据（2.12.4）式计算产生衍射的圆孔的直径，并与实际值进行比较。

6. 将数据填入表 2.12.1 中。

表 2.12.1 圆孔夫琅禾费衍射数据及结果

圆孔孔径	亮点 b_1	暗点 b_2	计算孔径	相对误差

四、练习与思考

1. 如果入射光源为钠灯,你将会看到什么现象?
2. 试问你对本实验的过程、方法和手段有何思考和改进?

实验 2.13 光栅单色仪

预习思考题

1. 光栅单色仪中闪耀光栅的作用是什么?
2. 光栅衍射光谱和棱镜色散光谱有什么区别?
3. 光栅单色仪中的狭缝有什么作用? 其最佳宽度如何计算?
4. 光栅单色仪的分辨本领由什么决定?
5. 光栅单色仪怎样将复合光分解为单色光?

光栅单色仪是用光栅衍射的方法获得单色光的仪器,它可以从紫外、可见和红外三个光谱区的复合光提取单色光,用于测量复色光源的光谱。利用光栅单色仪可以对物质的辐射特性、光与物质的相互作用、物质的原子分子能级结构等进行研究。光栅单色仪可以进行光谱化学分析,如原子吸收光谱、荧光光谱、拉曼光谱、激光光谱的定性及定量分析,同时还可以测定接收元件的灵敏特性、滤光片吸收特性、光源的能谱分析、光栅的集光效率等,因此它在采矿、冶金、农业、食品、生物、医学、天体与空间物理等领域都有着广泛的应用。

一、任务

1. 了解闪耀光栅的基本原理。
2. 了解光栅单色仪的结构原理,学会使用光栅单色仪。

二、实验原理

1. 闪耀光栅

对于普通光栅而言,单缝衍射的中央主极大方向和缝间干涉的 0 级极大方向相同,因此普通光栅大部分的能量集中在 0 级,而 0 级是没有色散的,其余的光能分散在各衍射级当中,在使用的时候往往只会用到其中的某一级,这对光栅的应用十分不利。而闪耀光栅能通过刻缝的形状实现将单缝衍射的中央主极大与缝间干涉的 0 级错开,从而把光能集中到所需的一级衍射光谱上。

如图 2.13.1 所示,闪耀光栅是以磨光的金属板或镀上金属膜的玻璃板为坯子,用劈形钻石尖刀在其上面刻划出一系列锯齿状的缝面形成的光栅。缝面法线和光栅平面法线之间的倾角 θ_b 称为闪耀角,闪耀角的大小可以由刻划时的刀口形状来控制。

当入射光沿着缝面的法向照射在光栅上时,其单缝衍射的中央主极大对应的方向是缝面的反射方向,即沿着原方向返回[图 2.13.1(a)]。在这个方向上对应的并不是缝间干涉的 0 级,对于缝间干涉而言,相邻缝面在这个方向上的光程差为 $\delta=2d\sin\theta_b$。如果光程差满足:

$$2d\sin\theta_b=\lambda_{1b} \tag{2.13.1}$$

则光栅的单缝衍射 0 级主极大正好落在波长为 λ_{1b} 的光的 1 级缝间干涉极大上(图 2.13.2),又由于对于闪耀光栅而言,$a\approx d$,因此除了 1 级以外的缝间干涉极大都落在单缝衍射极小上,形成缺级[图 2.13.2(c)]。这样一来,大部分的光能都能集中在

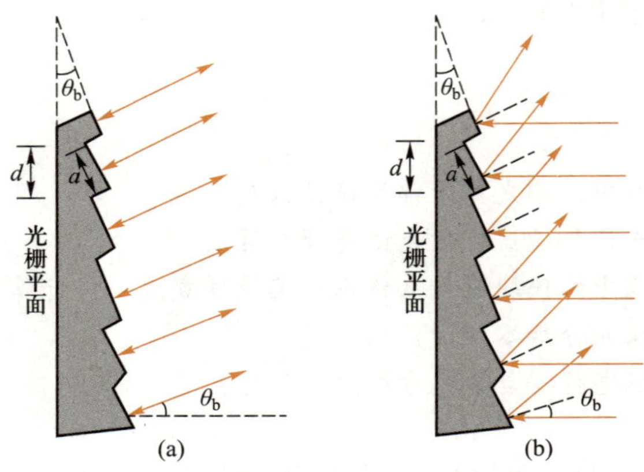

图 2.13.1 闪耀光栅原理图

波长为 λ_{1b} 的光的 1 级谱线上，使其强度大大增加。对于其他波长的光而言，无法满足(2.13.1)式，因此波长为 λ_{1b} 的光的闪耀方向不可能严格又是其他波长的闪耀方向，但是从图 2.13.2(c)中可以看出，单缝衍射的中央主极大有一定宽度，所以波长在 λ_{1b} 附近的光的缝间干涉 1 级极大也会包含在其中，拥有较大的强度，且这些波长的其他级谱线也会在单缝衍射极小附近，强度很小。此外，如果闪耀光栅的闪耀角和波长之间存在关系：$2d\sin\theta_b=2\lambda_{2b}$，用同样的方法也可以把光强集中到 2 级闪耀波长 λ_{2b} 附近的 2 级光谱中去。

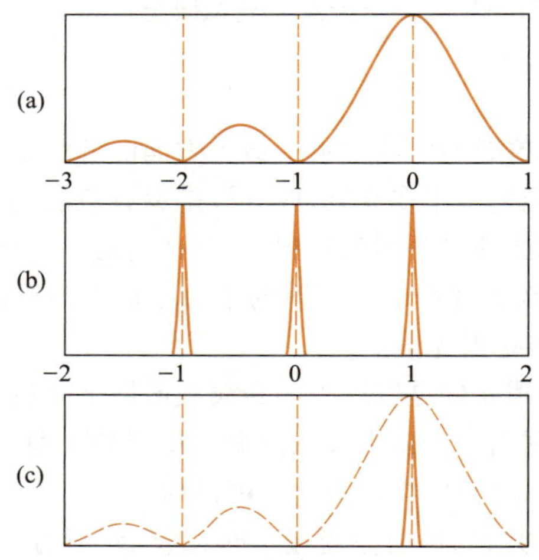

图 2.13.2 单缝衍射(a)的 0 级和缝间干涉(b)的 1 级重合，将光强集中到(c)的 1 级光谱中

当入射光沿着光栅平面的法向照射在光栅上时，其单缝衍射的中央主极大对应的方向是缝面的反射方向，如图 2.13.1(b)所示。在这个方向上对应的并不是缝间干涉的 0 级，对于缝间干涉而言，相邻缝面在这个方向上的光程差为 $\delta=2d\sin 2\theta_b$。如果光程差满足：

$$2d\sin 2\theta_b=\lambda_{1b} \tag{2.13.2}$$

根据之前的分析，可以把光强集中到 1 级闪耀波长 λ_{1b} 附近的 1 级光谱中去。

综上所述，可以通过闪耀角的设计，使得光栅适用于某一特定波段的某级光谱。

2. 光栅单色仪的结构原理

如图 2.13.3 所示，光栅单色仪主要由以下三部分组成：

（1）入射准直部分：由入射狭缝和聚焦透镜组成，用以产生光栅衍射所需的平行光。

（2）色散系统：平面闪耀光栅构成色散系统，通过调整光栅的角度，达到分光以后产生各种波长的单色光的要求。

（3）出射聚焦系统：由球面反射镜、平面反射镜和出射狭缝组成。光栅色散系统产生的单色光经由球面镜和平面镜的反射之后会聚至出射狭缝，产生窄光束单色光。

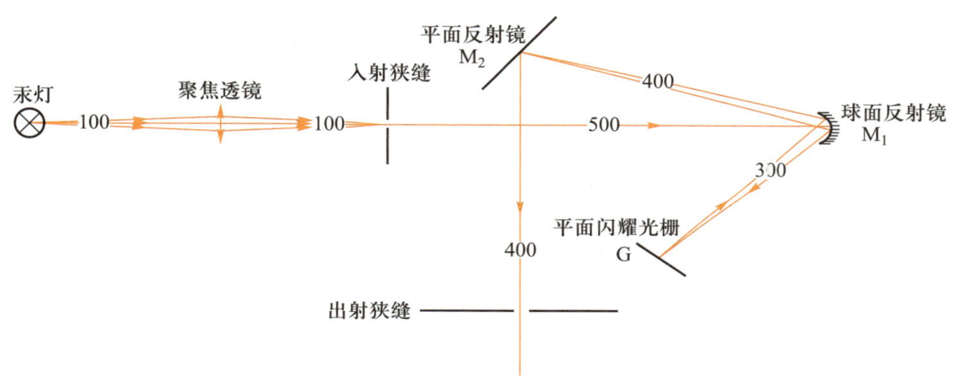

图 2.13.3 光栅单色仪原理图（图中数字单位为 mm）

使用球面反射镜是为了避免吸收和色差，以及缩短装置的长度，采用出射狭缝来提取不同的谱线，在实验中两个狭缝和光源都是固定不动的，而光栅平面的方向是可以调节的。通过光栅平面的转动，把不同波长的谱线调节到出射狭缝上，这样做就必须使入射光沿着缝面的法向照射在光栅上，以使光栅上的几何反射线方向变动不大，不太影响单缝衍射的 0 级位置。

三、实验步骤

1. 参照图 2.13.3 和图 2.13.4 所示，将所有的仪器在光学平台上摆好，将各部件调在同一高度，光路主截面大致平行于桌面，用 f=50 mm 的凸透镜将汞灯的光会聚于较宽的入射狭缝上，入射狭缝的缝宽调节成大于 0.5 mm。

2. 安装光栅。在安装光栅的时候要注意光栅的安装方向，不要放反，以保证光栅的闪耀效果。用白屏沿光路检查光投射到各部件 M_1、G、M_2 的情况，使得各器件之间没有挡光的现象。

3. 调整球面反射镜 M_1，使得其入射光和出射光的夹角尽量小，这样可以近似认为光路是利特罗自准的。

4. 使用白屏代替出射狭缝，前后移动白屏，观察白屏上的缝像，当缝像最细的时候可以获得最佳聚焦状态，此时将白屏换成出射狭缝。在摆放入射狭缝和出射狭缝的时候,使得缝的锐刀口面对入射光方向,调整入射狭缝和出射狭缝的缝宽,使其变窄,达到所需宽度,以看清光谱带为宜。

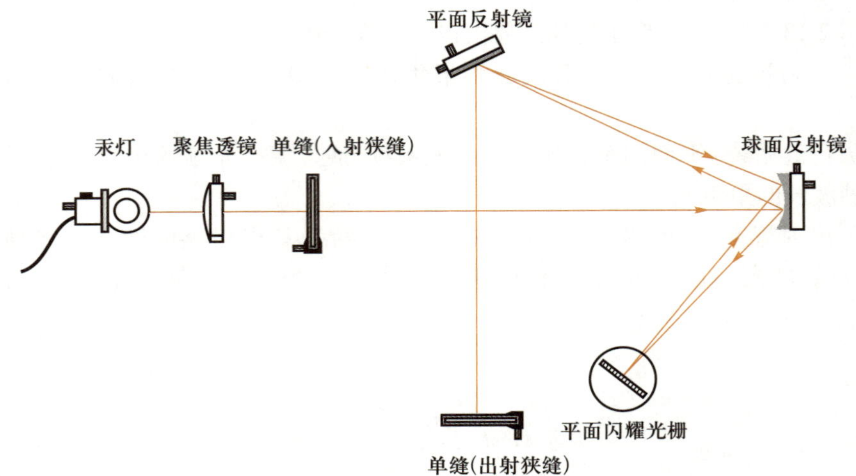

图 2.13.4 光栅单色仪光路装配图

5. 调节光栅水平位置,旋转微调螺旋,使得波长为 579.1 nm 的黄光到波长为 404.7 nm 的紫光范围内的光能相继循序从出射狭缝射出。观察出射狭缝射出的光有什么变化。

四、练习与思考

1. 实际中的光栅光谱仪也是采用这种方法,请思考光栅光谱仪的可能光路。

2. 对于 600 线的光栅,入射角度和衍射角度满足什么条件? 对于 1 200 线的光栅呢?

3. 如果照明光本身是单色光,那么你可以观察到什么现象?

实验 2.14　迈克耳孙干涉仪的搭建和应用

实验 2.14 数字资源

预习思考题

1. 迈克耳孙干涉仪在什么条件下产生等倾干涉条纹，在什么条件下产生等厚干涉条纹？

2. 本实验是否可以用白炽灯做光源？

3. 迈克耳孙干涉仪中的补偿板和分光板有什么作用？是否可以去除？

4. 在组装迈克耳孙干涉仪的时候，如果屏上只看到一大片光斑，看不到干涉条纹，可能的原因是什么？

5. 如何利用迈克耳孙干涉仪测量空气的折射率？

迈克耳孙干涉仪是光学干涉仪中最常见的一种，其发明者是美国物理学家迈克耳孙。1883 年，迈克耳孙和莫雷合作研究“以太”漂移，制作出了这一精密的光学仪器，迈克耳孙于 1907 年获得诺贝尔物理学奖。它利用分振幅法产生双光束以实现干涉。通过调整该仪器，既可以产生等倾干涉条纹，又可以产生等厚干涉条纹。

迈克耳孙干涉仪中的两束相干光各有一段光路在空间是分开的，两相干光的光程差的改变可以通过移动一个反射镜或者在一路光中加入另一种介质来实现，并且在其中一路光中进行的调整对另一路光不产生任何影响。因此，可以用它来测量物质的折射率、厚度、气压等一系列可以转化成光程变化的物理量。

本实验利用分立的光学元件搭建一个迈克耳孙干涉仪装置，并在干涉仪的一条光路中插入小的气室来测定空气的折射率。

一、任务

1. 学习组装迈克耳孙干涉仪。
2. 进一步了解光的干涉现象及其形成条件。
3. 掌握用迈克耳孙干涉仪测量气体折射率的原理和方法。

二、实验原理

1. 迈克耳孙干涉仪的原理

迈克耳孙干涉仪是应用分振幅法产生双光束以实现干涉的仪器，其典型光路如图 2.14.1 所示，光源 S 发出的光经过分光板 G_1，在 G_1 的后表面被半透半反膜分成两束，一束反射之后沿图中（1）的路径传播，另一束透射之后通过与 G_1 平行的平面玻璃板 G_2 之后沿着图中（2）的路径传播。光束（1）通过反射镜 M_1 反射之后再次通过 G_1 之后照射在观察屏 E 上。光束（2）通过 M_2 反射之后再次通过 G_2，并在 G_1 的后表面被半透半反膜反射。当 G_1 与 M_1、M_2 均成 45 度角时，被反射的光束（2）与光束（1）会在观察

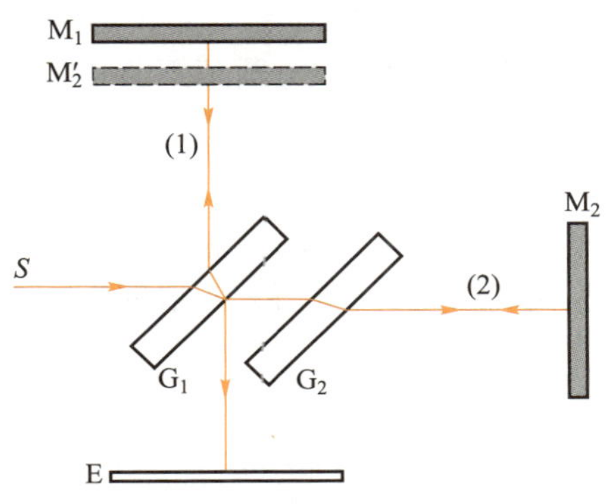

图 2.14.1　迈克耳孙干涉仪原理图

屏 E 上相遇，因为光束（1）和（2）是相干光，如果仪器调节得当，便可在观察屏 E 上观察到干涉图样。由于光束（1）在 G_1 中传播了一个来回，因此放置 G_2 能起到对光束（2）的光程补偿作用，使得光束（1）和光束（2）在玻璃中的光程完全相等，且和入射光波长无关。在本实验中，入射光为单色光，且不需要确定零光程差的位置，因此补偿板 G_2 是可以省略的，但如果是对于需要确定两路光等光程的位置的某些实验，比如观察白光干涉实验，补偿板 G_2 就是必不可少的了。

2. 干涉条纹的形成

G_1 背面的半透半反膜相当于一个反射镜，它能使 M_2 在 M_1 附近形成一个虚像 M_2'（如图 2.14.1 所示）。从观察屏 E 处看到的两束光相当于分别从 M_1 和 M_2' 反射的。当左右调节 M_2 的时候，等效于在上下调节 M_2'，就会使得 M_2' 和 M_1 之间的空气薄膜的厚度发生变化。当 M_2' 和 M_1 平行的时候，则形成厚度均匀的空气薄膜，在观察屏 E 上可以看到等倾干涉条纹。当 M_2' 和 M_1 不平行的时候，则形成空气劈尖，在观察屏上可以看到等厚干涉条纹。

（1）等倾干涉

当 M_1 和 M_2 垂直（即 M_2' 和 M_1 平行）的时候，在观察屏 E 上可以看到等倾干涉条纹。从 M_1 和 M_2 反射的两束光的光程差为 $\delta=2d\cos i$，其中 d 是 M_1 和 M_2' 之间空气薄膜的距离，i 是入射光照射在 M_1 和 M_2' 镜子表面的入射角。当 d 一定时，光程差取决于入射角 i。因此对于有相同倾角 i 的所有光，它们的光程差相同，对应同一级次的相同的明暗度，也就是对应同一干涉条纹，而不同的入射角之间会形成不同级次的干涉条纹。此时在观察屏上可以看到一组明暗相间的同心圆环。

（2）等厚干涉

当 M_1 和 M_2' 相距很近，其间又有很小的角度时，就会形成一个空气劈尖，M_1 和 M_2' 的交线就是劈尖的顶点。在劈尖很薄的情况下，两束反射光的光程差为 $\delta=2d$，其中 d 是 M_1 和 M_2' 之间空气薄膜的距离。在 M_1 和 M_2' 的交线处，$d=0$，随着薄膜厚度的增加，d 在不断变化，同样的 d 对应同样的光程差、同样的干涉级次和相同的明暗度，也就是对应同一干涉条纹，此时在观察屏上可以看到一组彼此平行的等间距直条纹。

3. 利用迈克耳孙干涉仪测量空气折射率的原理

当迈克耳孙干涉仪工作在等倾干涉的模式下时，观察屏上会出现同心圆环条纹。当光束（1）和光束（2）之间的光程差减小的时候，圆环不断向中心收缩，条纹变稀变粗，观察屏上的条纹数量越来越少。当光程差为 0 的时候，整个观察屏被均匀照亮。当光程差增大的时候，圆环不断从中心冒出，条纹变细变密，观察屏上的条纹数量越来越多，干涉环的对比度也越来越差。继续增大光程差，干涉图样逐渐消失。

将小气室插入到光束（2）之中，如图 2.14.2 所示，改变气室内空气的压强，当温度不变的时候，气体的折射率 n 和压强 p 之间存在线性关系 $n-1=\eta p$（η 为常量）。设压强为大气压强 p_0 的时候，折射率为 n_0，则有

$$\frac{p}{n-1}=\frac{p_0}{n_0-1} \qquad (2.14.1)$$

在气室内的压强从 p 变化到 p_0 的过程中，光束（1）和（2）之间的光程差在不断发生改变，则在观察屏上能看到同心圆环不断收进去或者冒出。假设能在观察屏上看到

的条纹变化数为 Δm，则光程差的变化满足

$$2L(n-n_0)=\Delta m\lambda \tag{2.14.2}$$

其中 L 为气室的长度。联立（2.14.1）式和（2.14.2）式可以得到空气折射率的表达式：

$$n_0=1+\frac{\Delta m\lambda}{2L(p-p_0)}p_0 \tag{2.14.3}$$

因此，在实验中测得气室内的压强从 p 变化到 p_0 的过程中条纹变化的数目 Δm，就可以计算出空气的折射率 n_0。

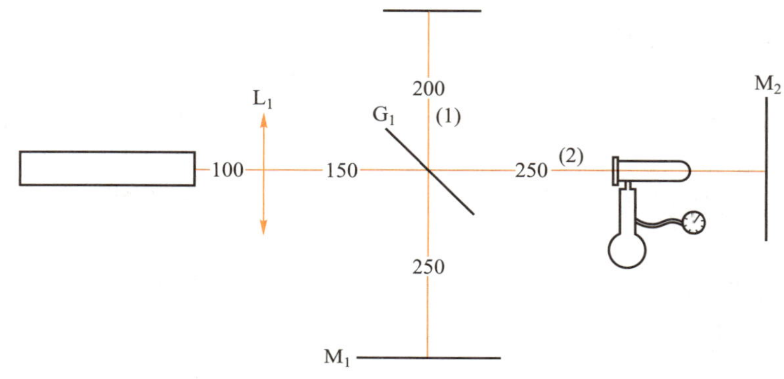

图 2.14.2　测量空气折射率原理图（图中数据单位为 mm）

同样，由上面几个公式也可以得到当压强为 p 的时候，气室内空气的折射率表达式：

$$n=1+\frac{\Delta m\lambda}{2L(p-p_0)}p \tag{2.14.4}$$

根据此式可以研究空气折射率与压强之间的关系。

三、实验步骤

1. 迈克耳孙干涉仪的搭建

（1）参照图 2.14.3 所示，将所有仪器按照顺序在光学平台上摆好，先不要摆放气室，并且拿掉扩束镜，将所有仪器调节成共轴。在调整过程中，先将激光器的倾角调好，使其发出的光束平行于光学平台表面，再放置各元件。

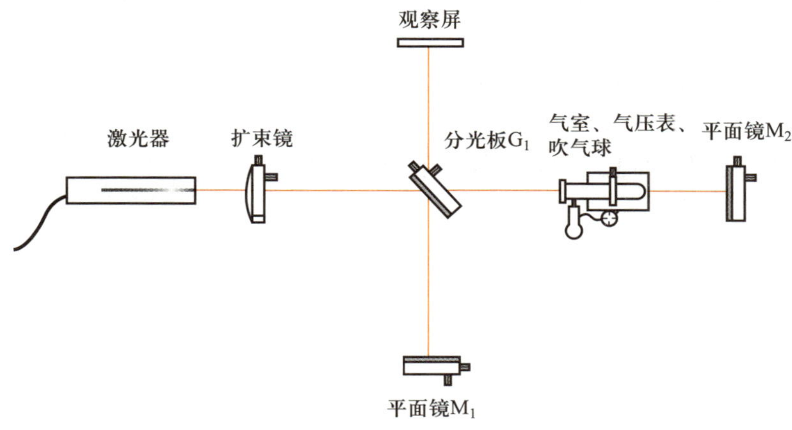

图 2.14.3　迈克耳孙干涉仪光路装配图

（2）将分光板 G_1 的偏角调整为 45 度，并调整其倾角，使得光束（1）和光束（2）都平行于光学平台。

（3）调整平面镜 M_1 和 M_2 的位置和角度，使得光束（1）和光束（2）经过反射之后能沿原路返回，并在观察屏上相交于一点。

（4）加上扩束镜，并调整扩束镜的位置，使得在观察屏上出现干涉条纹，如果没有出现干涉条纹，则检查（1）—（3）步是否调整好。

（5）调整 M_2 的位置和角度，调出等倾干涉条纹和等厚干涉条纹，并观察条纹的变化。

2. 利用迈克耳孙干涉仪测量空气折射率

（1）在光束（2）中放入气室，注意气室的高度要和光束高度一致。

（2）用打气球向气室充气，直到气压表走满一圈刻度（注意充气不要冲得过多，以免造成气室炸裂）。

（3）用手捏住打气皮管，待气压表数据稳定时，记下此时的气压值 p_1，填入表 2.14.1。

（4）慢慢放气，在放气过程中对冒出或者缩进的圆环数进行计数，等到气压稳定时，记录气压表示数 p_2 和干涉条纹变化数 Δm，并填入表 2.14.1，计算出空气的折射率。

表 2.14.1 空气折射率测量数据及结果

激光波长 λ=__________，环境气压 p_{amb}=__________；气室长度 L=__________。

气室初始压强 p_1	气室减压后压强 p_2	压强变化 Δp	条纹变化数 Δm	空气折射率 n	平均值 $\bar{n}$

四、练习与思考

1. 如果在观察屏处，只看到干涉圆弧，没看到干涉圆环，这是由于什么原因造成的，应该如何调节？

2. 加压的过程中没有看到明显的圆环的“冒出”或者“缩进”，可能的原因是什么？

3. 如何使得观察屏上观察到的等厚干涉条纹变宽？

实验 2.15 衍射法测头发丝直径

实验 2.15
数字资源

预习思考题

1. 夫琅禾费衍射的条件是什么?
2. 巴俾涅原理是什么?
3. 如何对智能手机拍摄的照片进行图像处理?
4. 为什么可以用狭缝的衍射公式来计算头发丝的直径?

随着技术的发展,一些精巧的传感器开始被搭载于智能手机上,这些传感器主要有加速度传感器、声传感器、光传感器、霍尔传感器(测磁感应强度)及角速度传感器(陀螺仪)等。我们可以利用智能手机对身边的世界进行探索,并迸发出灵感,从而真正地实现"全民科学"的理念。本实验目的在于了解智能手机在光学实验中的用处。

根据光的波动说,光在穿过狭缝、小孔、圆盘之类的障碍物后会发生不同程度的弯散传播。假设将一个障碍物放置在光源和观察屏之间,则会有光亮区域与阴影区域出现于观察屏,而且这些区域的边界并不锐利,是一种明暗相间的复杂图样,这种现象称为衍射。当障碍物的形状不同的时候,观察到的衍射图样也不同,因此可以通过对衍射图样的记录和测量得到障碍物形状的相关信息。

一、任务

1. 掌握激光衍射法测量头发丝直径的基本原理和测量方法。
2. 掌握智能手机的图像处理方法。
3. 掌握利用数字成像处理技术测量距离的方法。

二、实验原理

1. 夫琅禾费单缝衍射

根据实验 2.11 的单缝夫琅禾费衍射原理可知,当衍射光满足

$$a\sin\theta = k\lambda \qquad (k=\pm1,\pm2,\cdots) \tag{2.15.1}$$

时产生暗纹;

当满足

$$a\sin\theta = (2k+1)\lambda/2 \qquad (k=0,\pm1,\pm2,\cdots) \tag{2.15.2}$$

时产生明纹。

式中 a 是缝宽,θ 是衍射角,k 是级次,λ 是波长。

如图 2.15.1 所示,由于衍射角和过透镜 L_2 光心的光线与主轴的夹角相同,透镜 L_2 与观察屏的距离为焦距 f,因此

$$\sin\theta = \frac{x}{f} \tag{2.15.3}$$

式中 x 代表观察屏上某一点与主轴之间的距离。

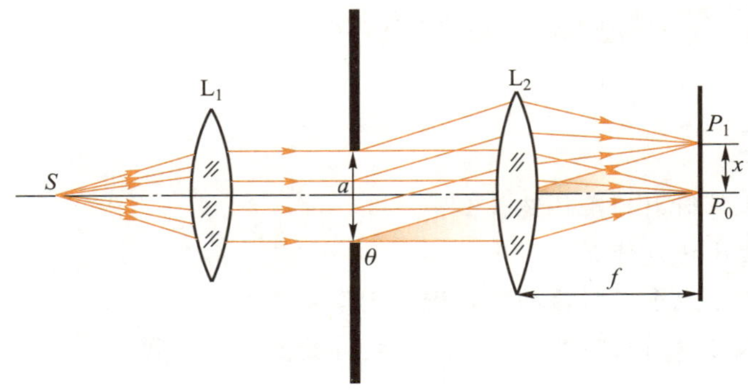

图 2.15.1 夫琅禾费单缝衍射示意图

因此，夫琅禾费单缝衍射的光强分布公式可以写成

$$x=\begin{cases}0 & \text{中央明纹}\\ \pm k\lambda\dfrac{f}{a}(k=1,2,3,\cdots) & \text{暗纹}\\ \pm(2k+1)\dfrac{\lambda}{2}\dfrac{f}{a}(k=1,2,3,\cdots) & \text{明纹}\end{cases} \tag{2.15.4}$$

由上式可知，以明纹为例，第 k 级明纹和第 $k+1$ 级明纹之间的间距为

$$\Delta x=\frac{f\lambda}{a}$$

也就是说，如果能测得衍射条纹的宽度 Δx，又知道照明光波长 λ 和透镜焦距 f，就能得到单缝的缝宽

$$a=\frac{f\lambda}{\Delta x} \tag{2.15.5}$$

2. 巴俾涅原理

（1）互补屏

互补屏是指其中一个的开孔部分正好对应另外一个屏的不透明部分。图 2.15.2 给出了几组互补屏的例子，比如狭缝和线、小孔和点、方形孔和方形等。

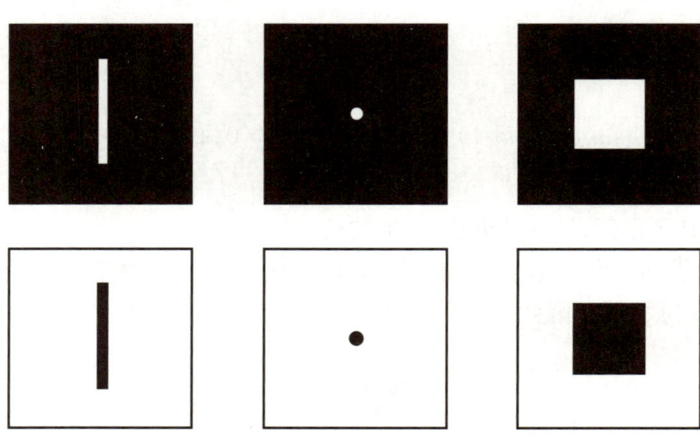

图 2.15.2 互补屏

（2）巴俾涅原理

假设 $U_1(P)$ 和 $U_2(P)$ 分别为两个互补屏单独放在光源和观察平面之间时，观察平面上 P 点的光场复振幅，$U_0(P)$ 表示没有衍射屏的时候 P 点的光场复振幅。根据惠更斯－菲涅耳原理，$U_1(P)$ 和 $U_2(P)$ 可以分别表示成对两个互补屏开孔部分的积分，而两个开孔部分的叠加就相当于没有光屏。因此有

$$U_0(P)=U_1(P)+U_2(P) \tag{2.15.6}$$

从该公式可以看出：两个互补屏在衍射场中某点单独产生的光场的复振幅之和等于无衍射屏光波自由传播时在该点产生的光场复振幅，这就是巴俾涅原理。这里的光源既可以是点源，也可以是分布源。

根据巴俾涅原理，可以得到两个结论：

- 若 $U_1(P)=0$，则 $U_2(P)=U_0(P)$。因此，在其中一个衍射光场（或强度）为零的那些点，在换上它的互补屏时，强度与没有屏时一样。
- 若 $U_0(P)=0$，则 $U_1(P)=-U_2(P)$。这就意味着在 $U_0(P)=0$ 处的那些点，$U_1(P)$ 和 $U_2(P)$ 的相位差为 π，其强度 $I_1(P)=|U_1(P)|^2$ 和 $I_2(P)=|U_2(P)|^2$ 相等。也就是说，当两个互补屏都不存在时，对于光场中强度为零的那些点，互补屏将产生完全相同的光场分布。

由此得知：在夫琅禾费衍射中，两个振幅型互补的衍射屏在观察屏上的远离衍射中心产生的衍射花样是相同的（图 2.15.3）。

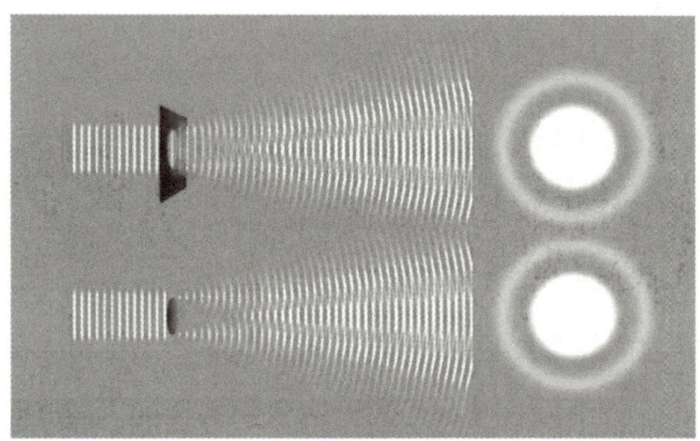

图 2.15.3 巴俾涅原理示意图

综上所述，光经过头发丝之后的衍射光强分布和光经过与头发丝等宽的狭缝的衍射光强分布是相同的，因此可以直接使用狭缝的夫琅禾费衍射光强分布公式来计算头发丝的直径。

（3）智能手机图像处理

智能手机摄像头的分辨率很高，因此可以用来代替实验中的接收仪器进行拍摄和分析。手机拍摄的照片和实际物体之间存在大小的不同，也就是说照片上两点之间的距离和实际上两点之间的距离是不一样的，因此我们不能直接测量照片得到实际的距离。但是如果能知道照片和实物之间大小的比例关系，就可以通过测量照片上的距离来得到实际距离。

像素是构成图片的基本单元，照片上两点之间的长度 $\Delta x=N$（两点之间像素点个数）$\times d$（像素点大小）。如果已知照片上某一段长度 Δx_1 对应的真实空间的长度 D_1，则照片上另一段未知长度 Δx_2 和 Δx_1 之间存在如下关系：

$$\frac{\Delta x_1}{D_1}=\frac{N_1 d}{D_1}=\frac{\Delta x_2}{D_2}=\frac{N_2 d}{D_2} \tag{2.15.7}$$

由此可得照片上长度 Δx_2 在真实空间中所对应的长度为

$$D_2=\frac{N_2 D_1}{N_1} \tag{2.15.8}$$

根据上式，在拍照时使用格宽已知的格子标准纸作为参考，可以得到照片上的图形在真实空间中的大小。

三、实验步骤

1. 制作衍射元件，在硬纸板上刻出 3 cm × 3 cm 的方孔，将头发丝拉直，用胶带固定在方孔两端，制成单丝衍射屏。

2. 将画有格子的标准板放置在距离头发丝 L 处作为观察屏，测量 L 的大小。

3. 用激光器作为光源，设计并搭建衍射光路，观察头发丝的衍射现象并用智能手机拍摄观察屏上的衍射图样。

4. 分析和处理拍摄的照片，计算出衍射斑之间的距离。

5. 计算头发丝的直径。

四、实验结果记录

1. 绘制设计的光路图并说明需要测量哪些量。

2. 记录手机拍摄的衍射图样。

3. 利用手机软件或者电脑软件对拍摄的照片进行测量和计算，将记录的实验数据和计算的结果填入表 2.15.1。

表 2.15.1 衍射法测头发丝直径的数据及结果

激光波长 λ=__________，衍射屏到观察屏的距离 L=__________，

网格距离 l=__________，图片对应像素个数 N=__________。

条纹级次差 Δk	条纹距离		缝宽 a/mm
	像素	Δx_P/mm	
		平均	

五、练习与思考

1. 改变衍射屏与观察屏的距离,会发生什么变化?
2. 在手机拍摄的时候为了减小误差,需要注意哪些问题?
3. 中央明纹附近光强太强,可以如何调整?
4. 读数方式可作哪些变化或改进?
5. 还可以用什么方式测量头发丝直径?请对比测量结果。

第三章
数字资源

实验 3.1
数字资源

第三章　光学设计与仿真

3.1　ZEMAX 软件的简介

ZEMAX 是一套综合性的光学设计软件，集成了光学系统所有的概念、设计、优化、分析和文件管理功能，能使用光线追迹的方法建立折射、反射、衍射、偏振等光学模型，也可以做光学组件设计与照明系统的照度分析，是一套可以运算线性问题及非线性问题的软件，分析能力强大，功能全面。该软件能和 CAD 软件高度关联，文件可以相互转换，操作界面直观，容易使用。目前在成像镜头设计方面，它的功能最强大，运算速度最快。因此 ZEMAX 是目前光电子领域所熟知的光学设计首选软件，广泛运用在镜头设计、光纤耦合和照明系统的设计中。

一、任务

1. 了解 ZEMAX 界面主窗口菜单的各项功能。
2. 能运用快捷工具栏。
3. 能掌握各对话窗口的基本操作。

二、软件基本功能介绍

如图 3.1.1 所示，ZEMAX 的软件界面包括菜单栏、工具按钮以及一个透镜数据编辑界面。

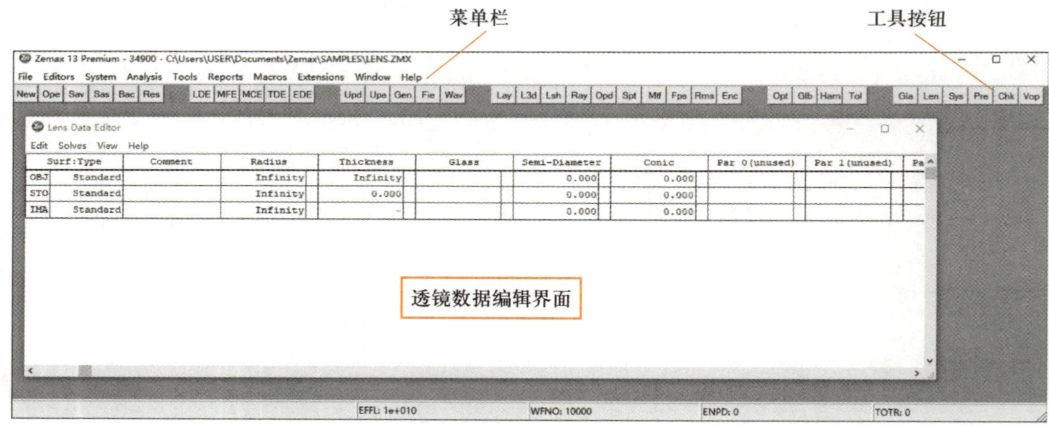

图 3.1.1　ZEMAX 的基本界面

1. 菜单栏

（1）File：文件菜单，用于文件的新建、打开、保存、重命名等。

（2）Editors：编辑菜单，用于打开或关闭编辑器，可以对镜头数据的主要参数进行编辑和优化。

（3）System：系统菜单，用于确定整个光学系统的属性。

（4）Analysis：分析菜单，对已经设计好的光学系统进行分析，从给定的数据中计算出结果,包括轮廓图、相差曲线、点列图等。

(5)Tools:工具菜单,可以改变镜头数据或者对整个系统进行复杂的计算,包括优化计算、公差、套样板等。

(6)Reports:报告菜单,用文本的方式记录包括系统数据汇总和各个表面数据汇总的镜头设计结果。

(7)Macros:宏指令菜单,用于编辑和运行目录文件。

(8)Extensions:扩展命令菜单,提供扩展命令功能。

(9)Window:窗口菜单,从当前打开的窗口列表中选择要移动到显示器前面的窗口。

(10)Help:帮助菜单,提供帮助文档。

2. 透镜数据编辑界面

透镜数据编辑界面可以设置镜头的主要参数,包括曲率半径、厚度、玻璃材料等。单透镜由两个面组成(前面和后面),物平面和像平面各需要一个面.这些数据可以直接输入到透镜数据编辑界面的各项中。

(1)加入或删除面数据:点击 Edit → Insert Surface 或者直接在键盘上按 Insert 键用于插入一个面。点击 Edit → Delete Surface 或者直接在键盘上按 Delete 键用于删除一个面。在初始状态下通常显示 3 个面:物面(OBJ)、光阑面(STO)和像面(IMA),物面和像面是无法删除的。

(2)Comment:面注释,输入注释可以增强镜头特性的可读性,且不影响光线追迹。

(3)Radius:半径数据,是输入面的曲率半径。所有线段一律以自左向右和自下向上为正,反之为负。如果某一曲面的曲率中心位于该曲面顶点的右侧,那么该曲面的曲率半径和曲率都取正号,反之为负。

(4)Thickness:厚度数据,输入当前面到后一个面的距离。

(5)Glass:玻璃数据,选择玻璃库并输入玻璃名称,输入的玻璃材料是指从当前面开始到下一个面之间的介质。

(6)Semi-Diameter:半口径数据,如果不给定半口径数据,则半口径数据会使用默认值,该默认值是通过追迹各视场的所有光线,沿径向所需的通光半径自动计算获得的。如果给定半口径数据,则这个数据旁将有一个“U”,以表明此半口径是符合定义的。

(7)Conic:二次曲面数据,输入一个面的二次曲面系数。

3. 常用设置

对于光学系统属性的设置主要在 System 中,以下只介绍几种常用的设置。

(1)General:通用数据,用来定义整个系统的镜头的公共数据。在菜单栏里点击 System → General 或者直接在工具按钮栏里点击“Gen”,会出现如图 3.1.2 所示的对话框。

对话框中包含如下常用设置:

① Aperture:光圈类型,用来选择光圈类型和系统光圈值。

② Units:镜头单位,用来输入表示半径、厚度、入瞳直径的规定单位(毫米、厘米、英尺、米等)。

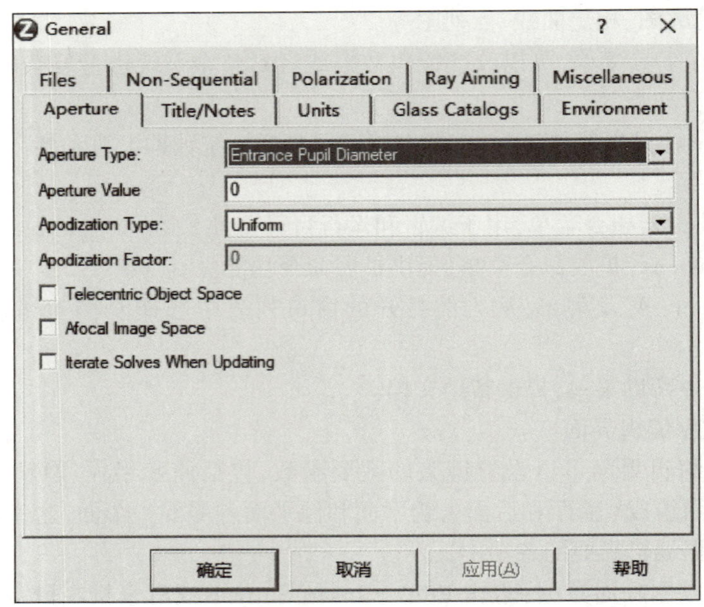

图 3.1.2 General 的设置界面

③ Glass Catalogs：玻璃库，用来选择玻璃材料。

（2）Field：视场，用来确定视场点，视场可以用角度、物高、像高来确定。在菜单栏里点击 System → Field 或者直接在工具按钮栏里点击“Fie”，会出现如图 3.1.3 所示的对话框用来进行设置。

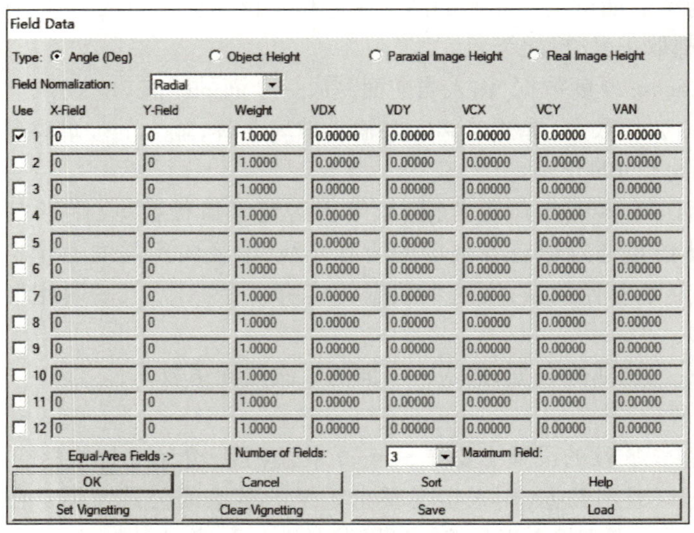

图 3.1.3 Field 的设置界面

（3）Wavelength：波长，用来设置照明光波长、权重因子、主波长，单位为微米。在菜单栏里点击 System → Wavelength 或者直接在工具按钮栏里点击“Wav”，会出现如图 3.1.4 所示的对话框用来进行设置。

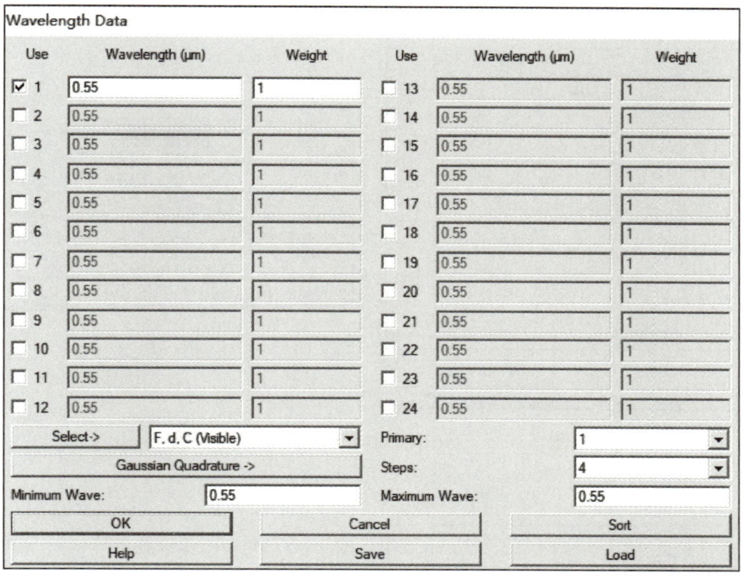

Wavelength Data

Use	Wavelength (μm)	Weight	Use	Wavelength (μm)	Weight
☑ 1	0.55	1	☐ 13	0.55	1
☐ 2	0.55	1	☐ 14	0.55	1
☐ 3	0.55	1	☐ 15	0.55	1
☐ 4	0.55	1	☐ 16	0.55	1
☐ 5	0.55	1	☐ 17	0.55	1
☐ 6	0.55	1	☐ 18	0.55	1
☐ 7	0.55	1	☐ 19	0.55	1
☐ 8	0.55	1	☐ 20	0.55	1
☐ 9	0.55	1	☐ 21	0.55	1
☐ 10	0.55	1	☐ 22	0.55	1
☐ 11	0.55	1	☐ 23	0.55	1
☐ 12	0.55	1	☐ 24	0.55	1

Select-> | F, d, C (Visible) | Primary: 1
Gaussian Quadrature -> | Steps: 4
Minimum Wave: 0.55 | Maximum Wave: 0.55
OK | Cancel | Sort
Help | Save | Load

图 3.1.4　Wavelength 的设置界面

4. 常用的像质评价

像质的评价主要在 Analysis 中，以下只介绍几种常用的像质评价方法。

（1）外形图

Layout：外形图，是指通过镜头截面的外形曲线图，包括二维外形图（2D Layout，在工具按钮栏里点击“Lay”）、三维外形图（3D Layout，在工具按钮栏里点击“L3d”）、阴影图（Shaded Model，在工具按钮栏里点击“Lsh”）和元件图（Zemax Element Drawing）。其中二维外形图和三维外形图用于显示镜头系统的外形曲线图，阴影图用于显示光路的立体模型，元件图用于建立光学加工图。通过每一项显示界面中的 Settings 选项，可以对显示界面的参数进行设置。

（2）几何光学像质评价

Fans：特性曲线，包括光线像差（Ray Aberration，在工具按钮栏里点击“Ray”）、光程（Optical Path，在工具按钮栏里点击“Opd”）和光瞳像差（Pupil Aberration），分别用于显示作为光瞳坐标函数的光线像差、用光瞳坐标函数表示的光程差和用光瞳坐标函数表示的入瞳变形。

Spot Diagrams：点列图，由一点发出的光线经过光学系统之后不再完美会聚于同一点，由于像差的存在，在像面处会形成一个散布在一定范围内的弥散图形，成为点列图。点列图表格中的数值越小成像质量越好。通常使用标准（Standard，在工具按钮栏里点击“Spt”），如图 3.1.5 所示，并可用 Settings 调整参数，可以显示像面上的点列图。

MTF：调制传递函数，用于计算所有视场位置的衍射调制传递函数。常用的为 FFT MTF（在工具按钮栏里点击“Mtf”），用于在确定的空间频率下计算所有视场位置的离焦衍射传递函数（图 3.1.6），可以通过 Settings 选项设置采样数目、空间频率范围、选择波长、选择实部和虚部等。

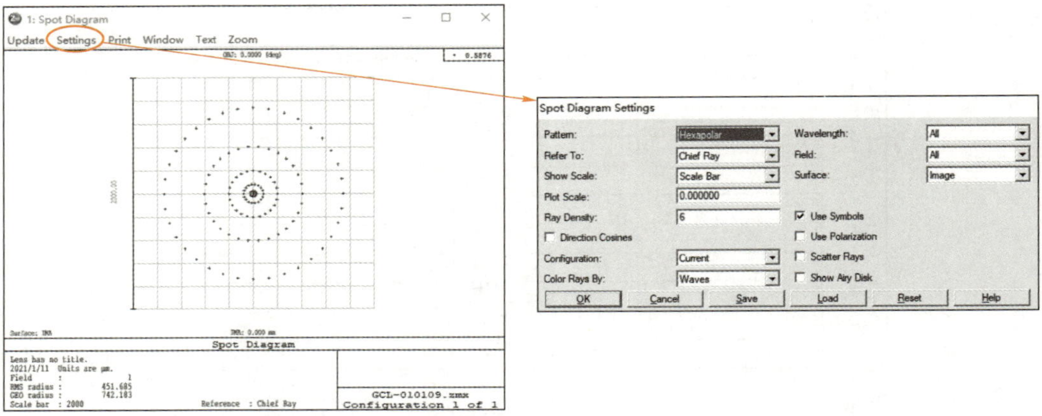

图 3.1.5 Spot Diagrams 的设置界面

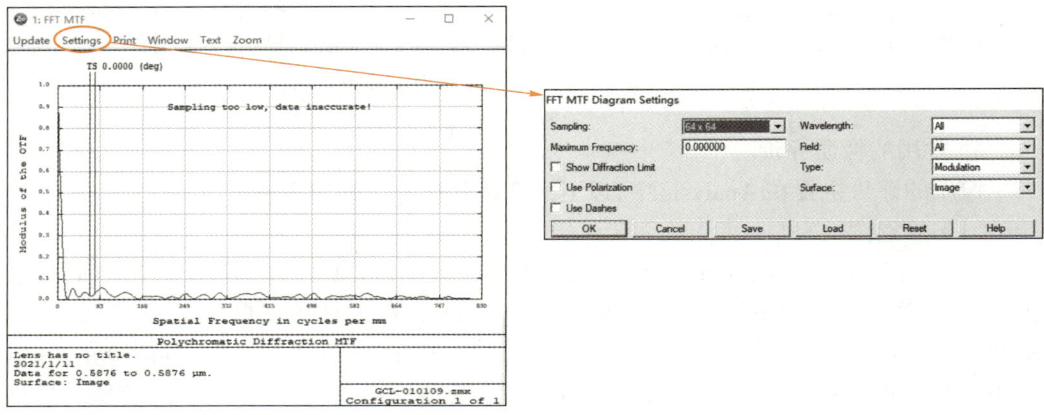

图 3.1.6 FFT MTF 的设置界面

PSF：点扩散函数，用于计算衍射的点扩散函数。常用的为 FFT PSF（在工具按钮栏里点击“Fps”），用快速傅里叶变换方法计算衍射的点扩散函数。

RMS：方均根。常用的为视场函数与方均根（Field vs RMS，在工具按钮栏里点击“Rms”），用于画出径向 X 方向和 Y 方向点列图的方均根，波前误差或斯特列尔比率的方均根，它们是视场角的函数，计算时波长可以使用单色光或者多色光。

Encircled Energy：能量分布，显示能量分布图。常用的为衍射法（Diffraction，在工具按钮栏里点击“Enc”），这是总能量的百分比，以距离主射线或像心在点物体上的距离为函数表示。

5. 常用优化方法

优化方法主要在 Tools 中，以下只介绍几种常用的优化方法。

（1）Local Optimization：局部优化，在工具按钮栏里点击“Opt”，使用阻尼最小二乘法或正交下降算法来改进或修改设计以满足特定条件。

（2）Global Optimization：全局优化，在工具按钮栏里点击“Glb”，启动对全局最优的搜索，这是对给定的价值函数和变量集的可能的最佳设计。

（3）Hammer Optimization：锤形优化，在工具按钮栏里点击“Ham”，该功能自动重复优化设计，以避免价值函数中的局部极小值。

（4）Tolerancing：公差，容许的误差，常用的为公差列表（Tolerance Listing，在工具按钮栏里点击“Tol”），此函数生成一个文本列表，列出可以保存或打印的公差。

三、练习与思考

1. 用 ZEMAX 设计一个单透镜并进行优化。
2. 如何用 Solve 求解的方法，将设计的单透镜的焦距控制为 100 mm？
3. 如何输入 F，d，C 光的波长？

实验 3.2
数字资源

3.2 ZEMAX 应用实例——双胶合消色差透镜的设计和优化

双胶合消色差透镜是由一块低折射率的冕牌玻璃（crown glass）正透镜与一块高折射率的火石玻璃（flint glass）负透镜胶合而成的。由折射率和色散不同的 2 个透镜组成的胶合透镜，与球面单透镜相比，可以校正色差和球差。双胶合消色差透镜通常应用在物镜系统、成像系统、激光测量系统、激光实验的准直透镜中。为了增加 ZEMAX 设计的实用性，本节将讲解双胶合消色差透镜的设计和优化。

一、设计要求

入瞳直径（entrance pupil diameter，EPD）：50.8 mm。

相对孔径（F/#）：4。

全视场（FFOV）：10 degree。

波长：F，d，C。

边界限制：最下中心和边厚为 8 mm，最大为 14 mm。

材料自选。

优化最小 RMS Spot Radius，最小色差。

二、设计过程

1. 初始化数据

（1）输入入瞳直径：打开 ZEMAX 软件，如图 3.2.1 所示，在工具按钮栏里点击“Gen”并选择“Aperture”标签，在“Aperture Type”中选择“Entrance Pupil Diameter”，在“Aperture Value”中输入“50.8”，在“Apodization Type”中选择“Uniform”，点击“确定”。

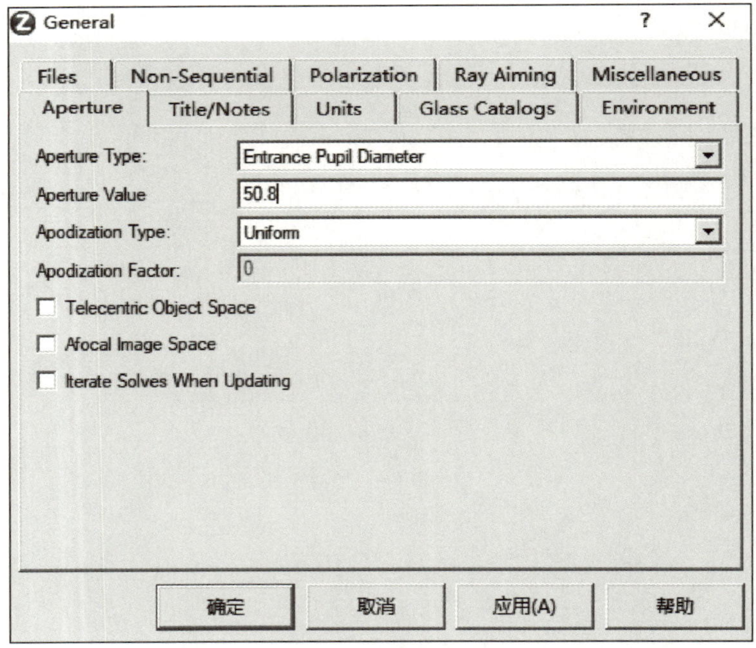

图 3.2.1 输入入瞳直径

（2）输入视场：如图 3.2.2 所示，在工具按钮栏里点击 “Fie”，选择 “Angle（Deg）”，在 “Use” 栏里勾选 “1” “2” “3”，在 “Y-Field” 栏里输入 “0” “3.5” “5”，点击 “OK”。

Field Data

Type: ◉ Angle (Deg)　○ Object Height　○ Paraxial Image Height　○ Real Image Height

Field Normalization: Radial

Use	X-Field	Y-Field	Weight	VDX	VDY	VCX	VCY	VAN
☑ 1	0	0	1.0000	0.00000	0.00000	0.00000	0.00000	0.00000
☑ 2	0	3.5	1.0000	0.00000	0.00000	0.00000	0.00000	0.00000
☑ 3	0	5	1.0000	0.00000	0.00000	0.00000	0.00000	0.00000
☐ 4	0	0	1.0000	0.00000	0.00000	0.00000	0.00000	0.00000
☐ 5	0	0	1.0000	0.00000	0.00000	0.00000	0.00000	0.00000
☐ 6	0	0	1.0000	0.00000	0.00000	0.00000	0.00000	0.00000
☐ 7	0	0	1.0000	0.00000	0.00000	0.00000	0.00000	0.00000
☐ 8	0	0	1.0000	0.00000	0.00000	0.00000	0.00000	0.00000
☐ 9	0	0	1.0000	0.00000	0.00000	0.00000	0.00000	0.00000
☐ 10	0	0	1.0000	0.00000	0.00000	0.00000	0.00000	0.00000
☐ 11	0	0	1.0000	0.00000	0.00000	0.00000	0.00000	0.00000
☐ 12	0	0	1.0000	0.00000	0.00000	0.00000	0.00000	0.00000

Equal-Area Fields ->　Number of Fields: 3　Maximum Field:

OK　Cancel　Sort　Help

Set Vignetting　Clear Vignetting　Save　Load

图 3.2.2　输入视场

（3）输入波长：如图 3.2.3 所示，在工具按钮栏里点击 “Wav”，选择 “F，d，C（Visible）” 并点击 “Select->” 完成自动输入，点击 “OK”。

Wavelength Data

Use	Wavelength (μm)	Weight	Use	Wavelength (μm)	Weight
☑ 1	0.4861327	1	☐ 13	0.55	1
☑ 2	0.5875618	1	☐ 14	0.55	1
☑ 3	0.6562725	1	☐ 15	0.55	1
☐ 4	0.55	1	☐ 16	0.55	1
☐ 5	0.55	1	☐ 17	0.55	1
☐ 6	0.55	1	☐ 18	0.55	1
☐ 7	0.55	1	☐ 19	0.55	1
☐ 8	0.55	1	☐ 20	0.55	1
☐ 9	0.55	1	☐ 21	0.55	1
☐ 10	0.55	1	☐ 22	0.55	1
☐ 11	0.55	1	☐ 23	0.55	1
☐ 12	0.55	1	☐ 24	0.55	1

Select->　F, d, C (Visible)　Primary: 2

Gaussian Quadrature ->　Steps: 4

Minimum Wave: 0.4861327　Maximum Wave: 0.6562725

OK　Cancel　Sort

Help　Save　Load

图 3.2.3　输入波长

2. 设计面型

（1）在镜头数据编辑器栏中输入参数：如图 3.2.4 所示，新建透镜组，并插入两个面，在“STO”面的“Glass”栏输入透镜材料“BK7”，在“2”面的“Glass”栏输入“F2”。

Lens Data Editor

Edit Solves View Help

		Comment	Radius	Thickness	Glass	Semi-Diameter	Conic	Par 0(unused)	Par 1(unused)	Pa
OBJ	Standard		Infinity	Infinity		Infinity	0.000			
STO	Standard		Infinity	0.000	BK7	25.400	0.000			
2	Standard		Infinity	0.000	F2	25.400	0.000			
3	Standard		Infinity	0.000		25.400	0.000			
IMA	Standard		Infinity	-		25.400	0.000			

图 3.2.4 在镜头数据编辑器栏中输入参数

（2）设置相对孔径“F/#”：如图 3.2.5 所示，在“3”面的“Radius”栏单击鼠标右键，在弹出的对话框中的“Solve Type”中选择“F Number”，并在“F/#”中填“4”，点击“OK”。

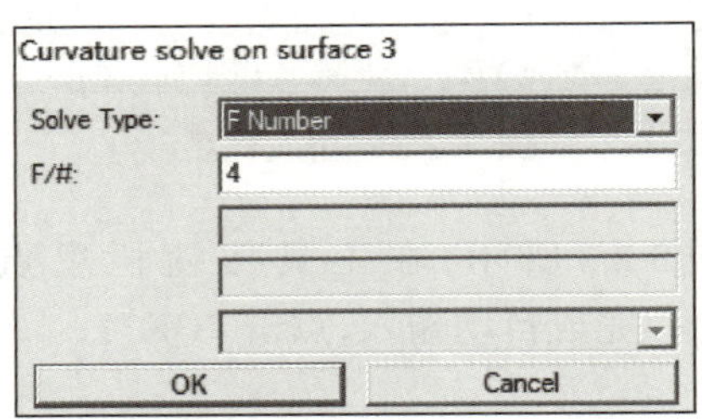

图 3.2.5 设置相对孔径

（3）设置曲率半径和厚度值变量：如图 3.2.6 所示，分别在“STO”面的“Radius”栏和“Thickness”栏，“2”面的“Radius”栏和“Thickness”栏，“3”面的“Thickness”栏处单击鼠标左键，并按“Ctrl+Z”组合键，使得以上所有参数都设置为变量。

Lens Data Editor

Edit Solves View Help

Surf:Type		Comment	Radius		Thickness		Glass	Semi-Diameter	Conic	Par 0(unused)	Par 1(unused)	Pa
OBJ	Standard		Infinity		Infinity			Infinity	0.000			
STO	Standard		Infinity	V	0.000	V	BK7	25.400	0.000			
2	Standard		Infinity	V	0.000	V	F2	25.400	0.000			
3	Standard		-125.992	F	0.000	V		25.541	0.000			
IMA	Standard		Infinity		-			25.163	0.000			

图 3.2.6 设置曲率半径和厚度值变量

（4）设置评价函数：按“F6”打开“Merit Function Editor”，在“Design”中选择“Sequential Merit Function”，并如图 3.2.7 所示设置参数，点击“OK”。

Sequential Merit Function
Optimization Function and Reference
RMS | Spot Radius | Centroid
Pupil Integration Method
Gaussian Quadrature | Rectangular Array
Rings: 3 | Grid: 4 x 4
Arms: 6 | Delete Vignetted
Obscuration: 0
Thickness Boundary Values
Glass: Min: 8 Max: 14 Edge: 0
Air: Min: 1 Max: 1000 Edge: 0
Assume Axial Symmetry | Start At: 1
Ignore Lateral Color | Relative X Weight: 1.0000
Configuration: All | Overall Weight: 1.0000
Add Favorite Operands
OK | Cancel | Save | Load | Reset | Help

图 3.2.7 设置评价函数

(5)获得双胶合消色差透镜面型参数：在工具按钮栏里点击“Opt”，再点击“Automatic”，如图 3.2.8 所示，经过几秒钟的优化之后，可以看到评价函数减小为 0.04，关闭该页面，在透镜数据编辑栏中即可获得双胶合消色差透镜的面型，如图 3.2.9 所示。

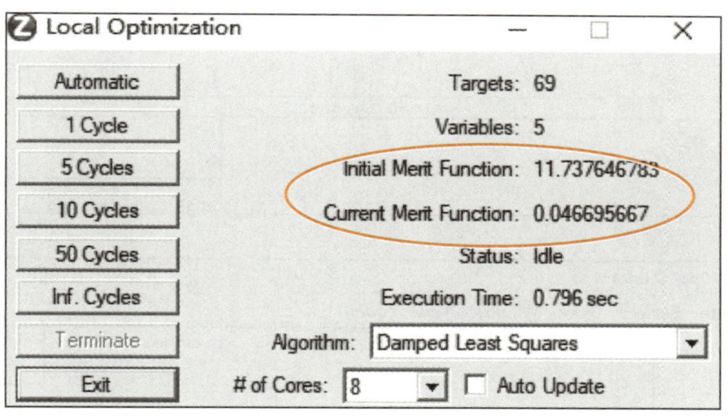

图 3.2.8 获得参数

Lens Data Editor
Edit Solves View Help

Surf:Type		Comment	Radius		Thickness		Glass	Semi-Diameter	Conic	Par 0 (unused)	Par 1 (unused)
OBJ	Standard		Infinity		Infinity			Infinity	0.000		
STO	Standard		135.080	V	14.000	V	BK7	25.614	0.000		
2	Standard		-76.965	V	14.000	V	F2	25.553	0.000		
3	Standard		-244.654	F	190.672	V		25.797	0.000		
IMA	Standard		Infinity		-			17.925	0.000		

图 3.2.9 透镜面型

3. 优化透镜参数

（1）查看双胶合消色差透镜的结构光路图与像差畸变图：在工具按钮栏里分别点击“L3d”“Spt”“Ray”，就可以看到双胶合消色差透镜的光路结构图、光斑图和光线差图，如图 3.2.10 所示。

（2）优化面型参数：在“STO”面上再插入一个面“1”，右键点击“1”，如图 3.2.11 所示选中“Make Surface Stop”，并点击“确定”。将“STO”面的“Thickness”栏设置为变量，重新确认“Sequential Merit Function”，并打开“Opt”进行优化，此次优化后可以从图 3.2.12 中看到评价函数进一步减小为 0.028。

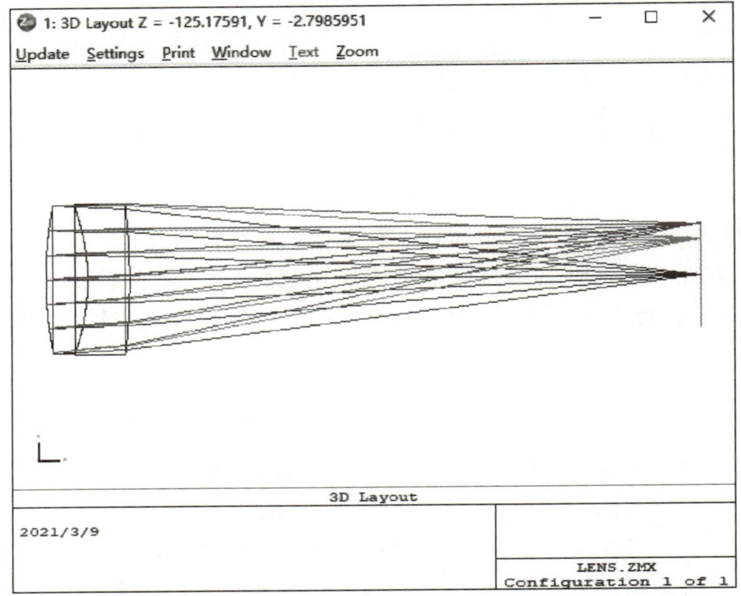

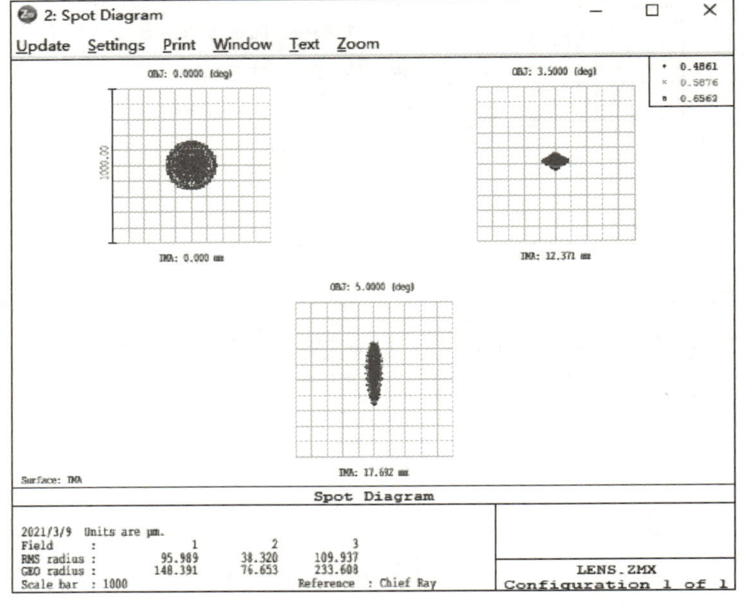

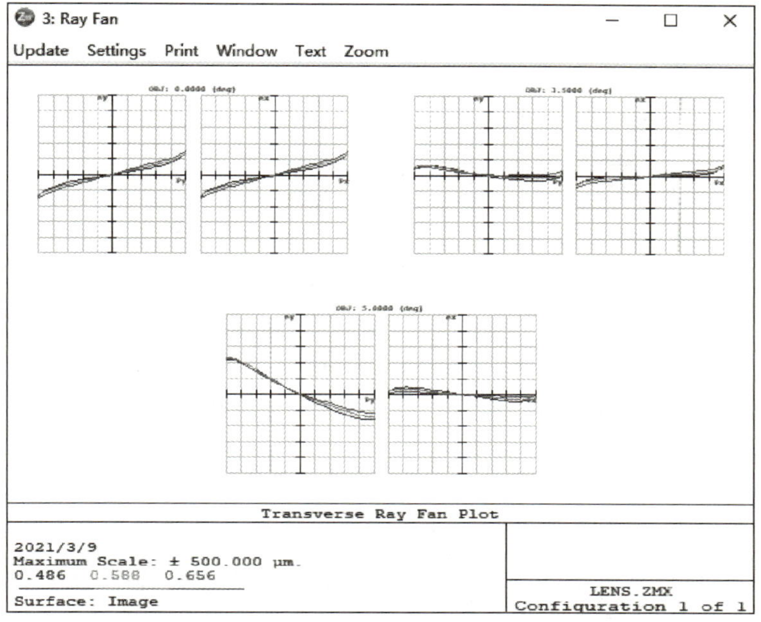

图 3.2.10 结构光路图与像差畸变图

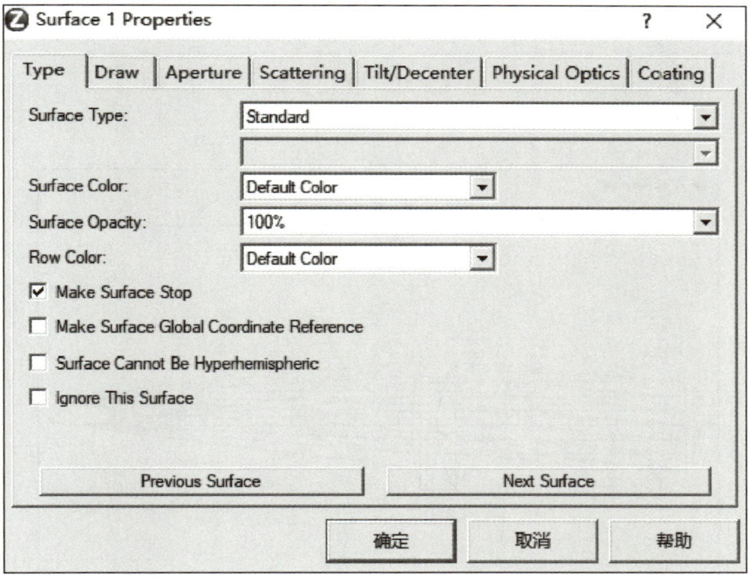

图 3.2.11 设置“STO”面

（3）查看优化后的效果：在工具按钮栏里分别点击“L3d”“Spt”“Ray”，查看双胶合消色差透镜的光路结构图、光斑图和光线差图，如图 3.2.13 所示，可以看到优化后的效果。

（4）玻璃优化：右键点击“BK7”和“F2”，在“Solve Type”中选择“Substitute”，点击“Tools → Design → Hammer Optimization”，点击“Start”开始优化，该过程需要较长的时间。

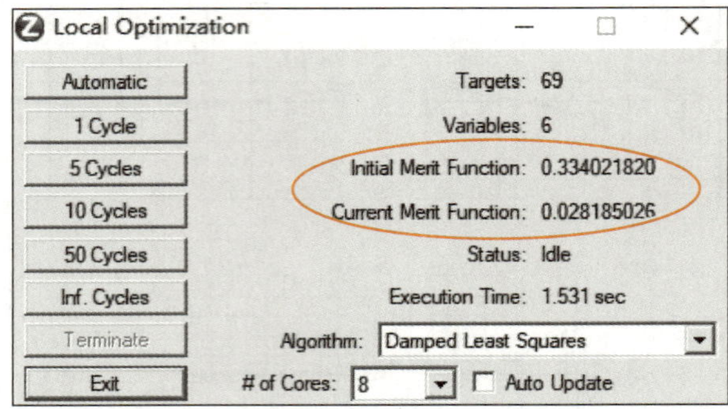

Lens Data Editor

Edit Solves View Help

Surf:Type		Comment	Radius		Thickness		Glass	Semi-Diameter	Conic	Par 0(unused)	Par 1(unused)	Pa
OBJ	Standard		Infinity		Infinity			Infinity	0.000			
STO	Standard		Infinity		127.394	V		25.400	0.000			
2	Standard		182.339	V	14.000	V	BK7	36.875	0.000			
3	Standard		-71.555	V	14.000	V	F2	36.875	0.000			
4	Standard		-170.720	F	194.018	V		37.420	0.000			
IMA	Standard		Infinity		-			17.870	0.000			

图 3.2.12 优化参数

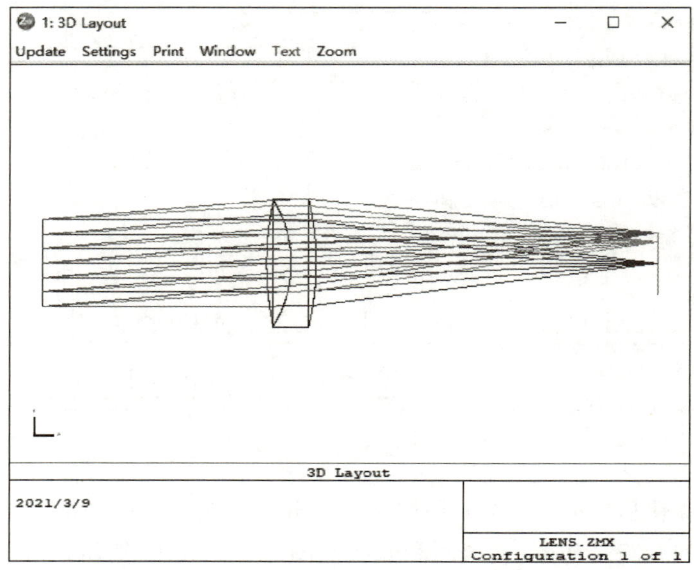

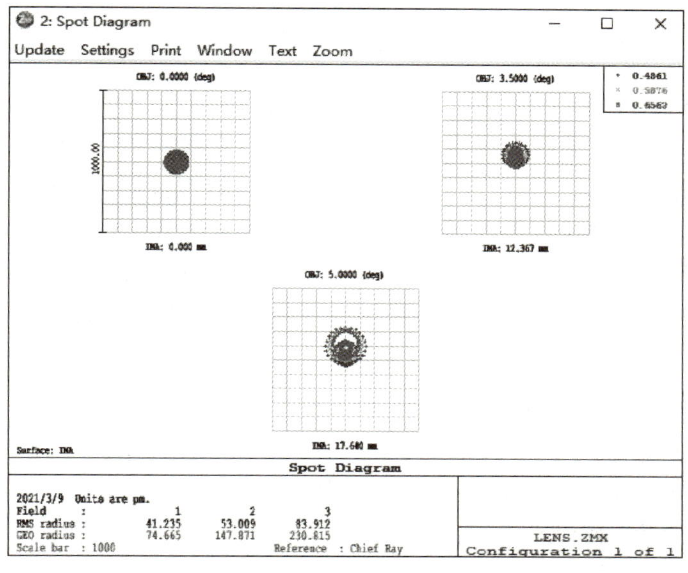

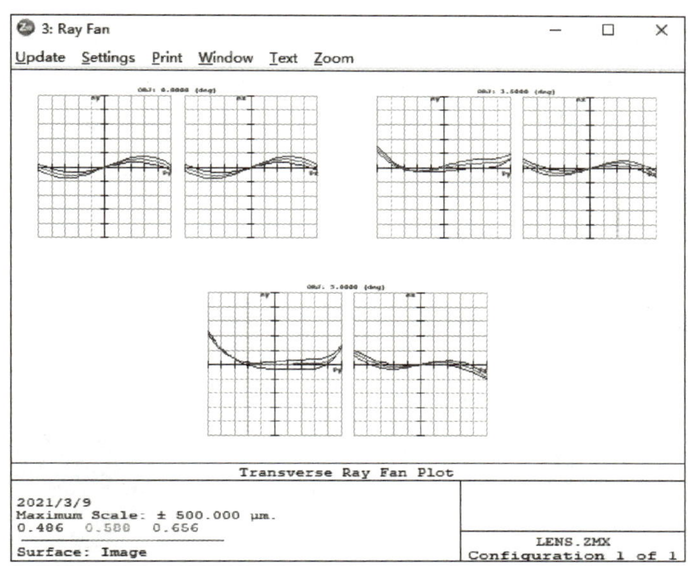

图 3.2.13 优化后的结构光路图与像差畸变图

三、练习与思考

请自行设计一个双胶合消色差透镜满足如下条件：

EPD：50 mm

F/8

FFOV：10 degree

波长：F，d，C

边界限制：最小中心和边厚为 4 mm，最大为 18 mm

材料自选

优化最小 RMS Spot Radius，最小色差

实验 3.3
数字资源

3.3 COMSOL Multiphysics 软件的简介

COMSOL Multiphysics 是一款大型的高级数值仿真软件，由瑞典的 COMSOL 公司开发，以有限元法为基础，通过求解偏微分方程（单场）或偏微分方程组（多场）来实现真实物理现象的仿真，可以模拟科学和工程领域的各种物理过程，被当今科学家称为“第一款真正的任意多物理场直接耦合分析软件”。COMSOL Multiphysics 以高效的计算性能和杰出的多场双向直接耦合分析能力实现了高度精确的数值仿真，在声学、生物科学、化学反应、弥散、电磁学、流体动力学、燃料电池、地球科学、热传导、微系统、微波工程、光学、光子学、多孔介质、量子力学、射频、半导体、结构力学、传动现象、波的传播等领域得到了广泛的应用。

一、任务

1. 了解 COMSOL Multiphysics 的主窗口菜单的各项功能。
2. 了解射线光学模块。
3. 了解波动光学模块。

二、软件基本功能介绍

1. COMSOL Multiphysics 的主窗口菜单及各项功能

如图 3.3.1 所示，COMSOL Multiphysics 的软件界面包含很多功能。

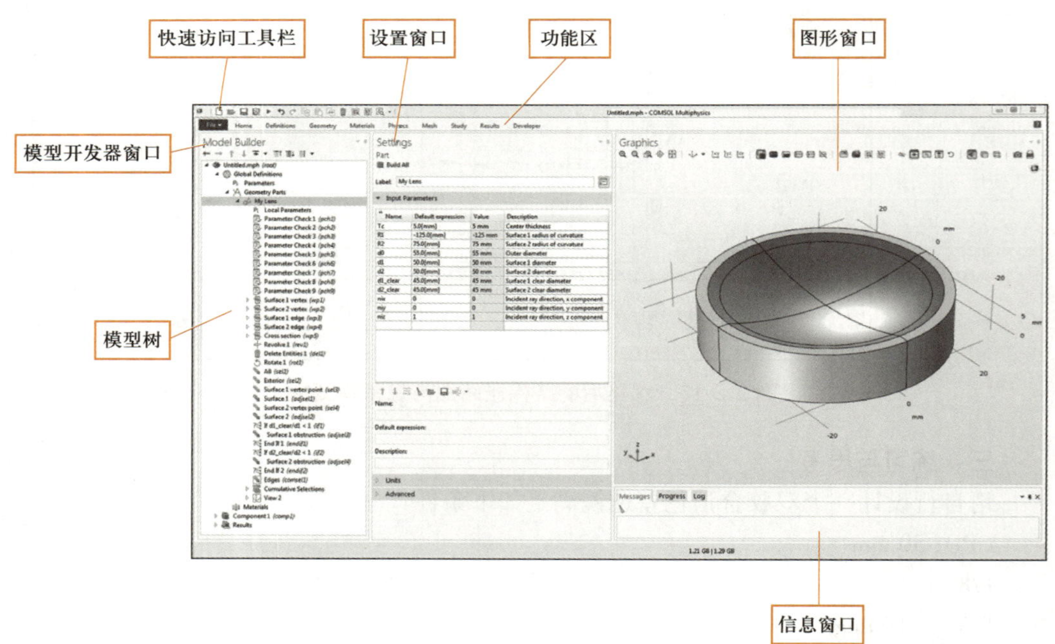

图 3.3.1 COMSOL Multiphysics 的软件界面

（1）快速访问工具栏：提供各种功能，例如打开、保存、撤消、重做、复制、粘贴以及删除，可以从定制快速访问工具栏列表（工具栏右侧的向下箭头）中定制其内容。

（2）功能区：包含大多数建模任务的命令。

（3）设置窗口：用于输入所有模型明细信息的主窗口，包括几何尺寸、材料属性、边界条件、初始条件以及执行仿真时求解器所需的任何其他信息。

（4）图形窗口：用于图形输出、对结果进行可视化。

（5）信息窗口：用于显示非图形信息，包括消息、进度、日志、表格和外部进程。

（6）模型开发器窗口：定义模型及其组件的工具，例如求解方式、结果分析以及创建报告，这可以通过构建模型树来实现这些操作。模型树反映了底层数据结构（即模型对象），其中存储的模型状态包含以下设置：几何、网格、物理场、边界条件、研究、求解器、后处理以及可视化。

COMSOL Multiphysics 提供 AC/DC 模块、声学模块、化学工程模块、射频模块、结构力学模块等，拥有完全开放的架构、任意独立函数控制的求解参数、专业的计算模型库、内嵌丰富的 CAD 建模工具、强大的网格剖分能力、大规模计算的能力和丰富的后处理功能。其中的射线光学模块和波动光学模块能很好地模拟光的传播，对光学设计有着非常重要的意义。

2. 射线光学模块

射线光学模块是一个功能强大的计算工具，采用射线追踪方法模拟光和其他电磁辐射的传播。射线光学模块包括几何光学接口，其基本假设是辐射波长远小于模型中最小的几何细节，在这一假设下，几何光学接口是不包含衍射效应的。射线光学模块中将电磁波作为射线处理，它不使用有限元方法；相反，通过求解位置和波矢的一组常微分方程来追踪经过模拟域的射线。虽然必须对射线经过的域进行网格剖分，但可以使用非常粗化的网格，只有在曲面处才必须使用细化网格。射线可以通过几何模型传播，同时在边界上发生反射、折射或者被吸收。该模块提供各种专用的后处理工具，用于将射线传播进行可视化，提取品质因数以及导出相关数据。有了该模块，可以对几何模型进行仿真，创建复杂的透镜几何结构。

（1）创建几何模型：在 COMSOL Multiphysics 中创建几何模型可以通过导入外部 CAD 文件、使用一种 LiveLink™ 产品、从外部文件导入网络数据、在 COMSOL Multiphysics 软件中绘制或者插入 COMSOL“零件库”中的零件实例来构造几何结构。在 COMSOL Multiphysics 软件中绘制是指使用软件内置的几何体素（比如球体、圆柱体等），利用布尔、分割、变换、转换运算等将这些几何实体组成更特别的形状。具体步骤如图 3.3.2 和图 3.3.3 所示。

插入 COMSOL“零件库”中的零件实例来构造几何结构是指“射线光学模块”已经创建了各种二维和三维零件，此零件可用于创建各种形式的结构，包括凹凸透镜表面的任意组合、孔径光阑等，如图 3.3.4 所示，并可以通过设置变量来指定零件的光学特性，比如有效焦距和折射率等。

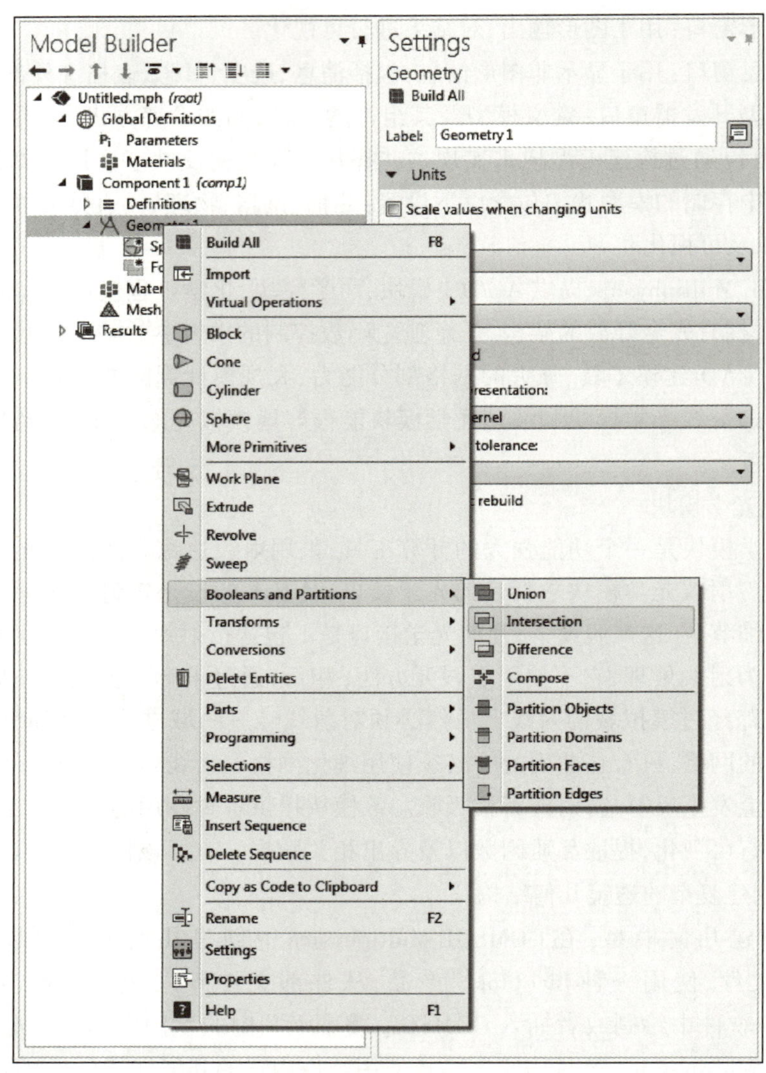

图 3.3.2 使用软件内置的几何体素

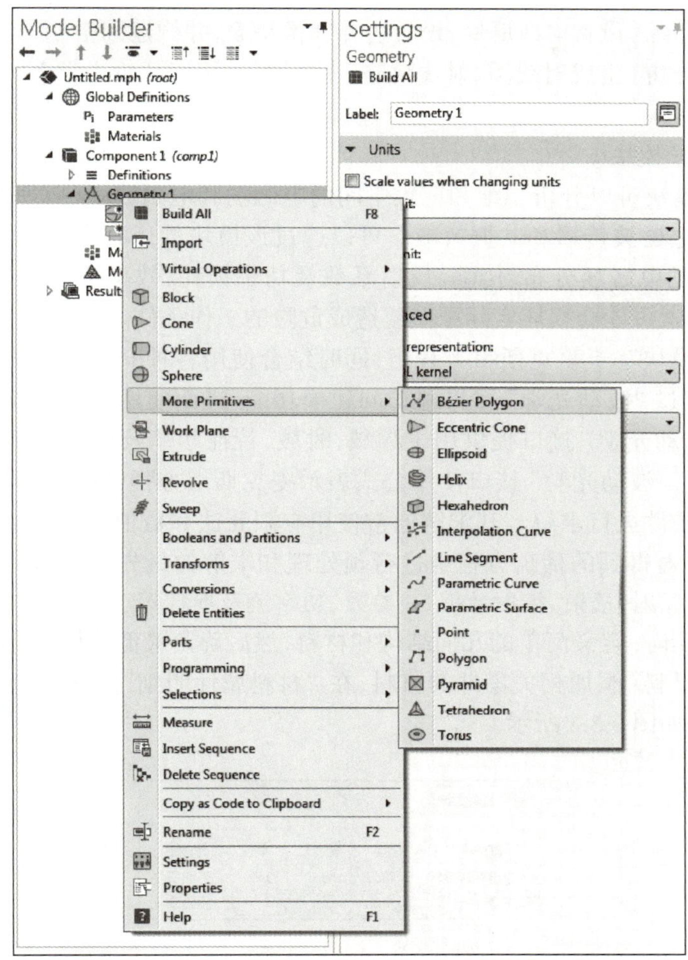

图 3.3.3 利用运算将几何实体组成其他形状

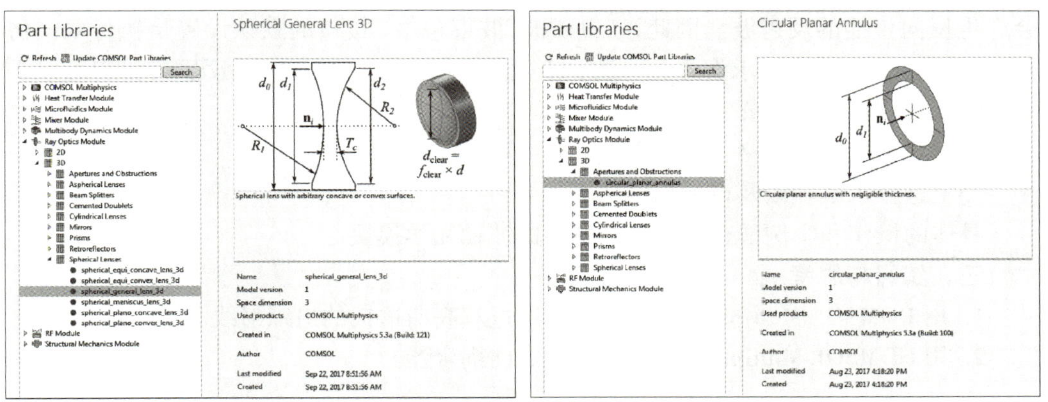

图 3.3.4 “射线光学模块”的“零件库”中的零件示例

（2）设置零件序列的光学指标：将整个几何模型另存为几何序列，选择相关零件的材料，设置物理场接口，设置这些材料的介质属性。

（3）射线追踪：设置射线属性，设置边界和像平面，并构建网格。

（4）结果分析：生成射线图、射线轨迹、光斑图等，用于评价光学系统像面最终的图像质量。

3. 波动光学模块

波动光学模块可以分析二维和三维空间的电磁场和电磁波，从而理解、预测和设计光学应用中的电磁波传播和共振效应。可以通过该模块的仿真来快速、准确地预测一个设计提案中的电磁场分布、传输、反射系数及功率损耗，效率更高、更有利于降低成本，还能用于探索可能会损坏实际原型或造成危险的工作条件。

波动光学模块基于麦克斯韦方程组，同时结合使用各种介质中的传播均适用的材料定律，可以通过“波动光学”接口来访问建模功能，进而使用这些功能来建立电磁模型并求解。“波动光学”接口提供用于频域、时域、特征频率及模态分析的电磁场和电磁波建模功能。“波动光学”接口使用公式表示麦克斯韦方程组的微分形式，并结合初始条件和边界条件进行求解。其求解通常使用有限元法和数值稳定的边单元离散化方法，同时结合了对得到的稀疏方程组进行预处理和求解的最先进算法。仿真结果能显示电场和磁场、反射、透射、衍射效率、S 参数、功率流及损耗等。

（1）定义几何：定义简单的几何结构和材料，然后确定最低阶模式。

（2）选择材料：添加相关零件的材料，在“材料属性明细”栏的表格中输入材料的折射率等属性，如图 3.3.5 所示。

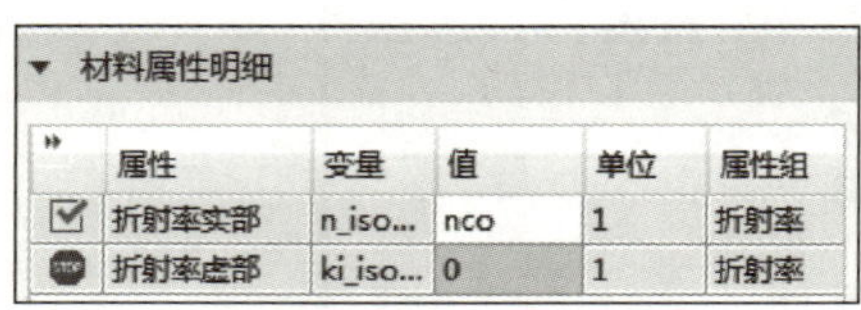

▼ 材料属性明细

»	属性	变量	值	单位	属性组
☑	折射率实部	n_iso...	nco	1	折射率
stop	折射率虚部	ki_iso...	0	1	折射率

图 3.3.5 材料属性明细

（3）定义边界条件和初始条件：在许多仿真问题中，不同的材料之间有一些边界，会产生反向传播的反射波。因此，“电磁波，波束包络”接口的默认设置是执行双向仿真。双向公式还可用于求解在同一方向传播的两种模式。在这种情况下，我们可以进一步降低对网格大小的要求。

（4）定义有限元网格：检查网格。

（5）选择求解器以及可视化结果。

具体的操作和实例请查看参考文献中的波动光学模块。

三、练习与思考

1. 用 COMSOL Multiphysics 软件仿真通过双高斯透镜的追踪射线。

2. 用 COMSOL Multiphysics 软件模拟定向耦合器。

3.4 TracePro 软件的应用

实验 3.4
数字资源

TracePro 是一套能进行照明光学系统分析、传统光学分析、辐射度以及光度分析的软件，是第一套以符合工业标准的固体模型绘图软件（ACIS）为核心发展出来的光学软件，是一个结合真实固体模型、光学分析功能强大、信息转换能力强及易上手的使用界面的仿真软件。TracePro 可被利用在显示器产业上，它能模仿所有类型的显示系统，从背光系统，到前光、光管、光纤、显示面板和 LCD 投影系统。比起传统的方法，TracePro 在建立显示系统的原型时，在时间上和成本上要降低 30%~50%。TracePro 具备以下这些功能：处理复杂几何的能力，跟踪数百万条光线；图形显示、可视化操作以及提供 3D 实体模型的数据库；导入和导出主流 CAD 软件和镜头设计软件的数据格式。它在照明系统、成像系统、遥感系统、光谱仪、投影系统等领域都有着广泛的应用。

一、任务

1. 了解 TracePro 主窗口菜单的各项功能。
2. 了解 TracePro 的基本使用步骤。

二、软件基本功能介绍

1. TracePro 的用户界面介绍

如图 3.4.1 所示，TracePro 的用户界面包括下拉菜单区、顶部的工具栏图标区、消息区、图形区及导航选项卡区。

（1）下拉菜单区：包括文件、编辑、视图、插入、定义、分析、报告、工具、窗口等命令。

（2）工具栏图标区：工具栏中的命令图标为快速进入命令及设置工作环境提供了极大的方便。工具栏中的按钮是可以由用户自行定制的，如果按钮是灰色的，表示目前还没有处于发挥功能的环境，当进入发挥功能的环境后能自动变亮。

（3）消息区：执行与有关对话框相关操作的信息显示在消息区，对操作有提示作用。

（4）图形区：TracePro 仿真设计模型图像的显示区。

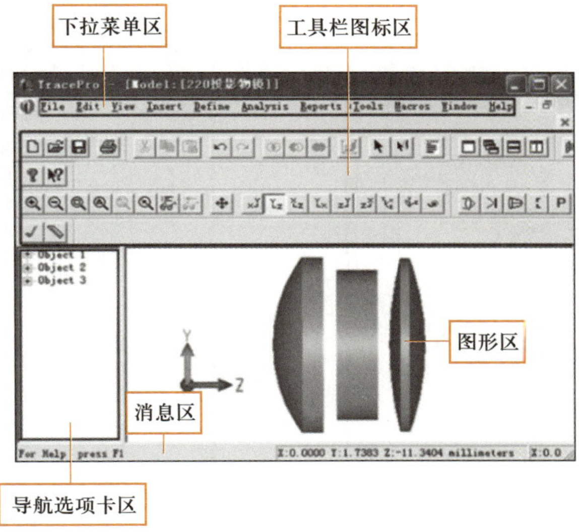

图 3.4.1 TracePro 用户界面

（5）导航选项卡区：导航选项卡区中以“模型树”形式陈列，“模型树”包含光学模型文件中所有特征或元件的列表，用户可以对整个光学模型进行操作，也可以对单个元件某个面进行面属性、材料、温度等操作，用户所设置光学元件的各个属性在此显示。

2. 建立几何模型

在 TracePro 中内置了几种模型，包括透镜、菲涅耳透镜、反射镜等，基本能涵盖大部分光学仿真设计所需要的模型。下面介绍几种常用的模型：

（1）Lens Element 的建立：点击下拉菜单区的 Insert Lens Element，出现如图 3.4.2 所示的窗口，通过设置中心厚度、材料名称、孔径、位置等参数，可以得到各种透镜，如平凸透镜、双凸透镜、平凹透镜、双凹透镜、凹凸透镜、柱面透镜、非球面透镜等。

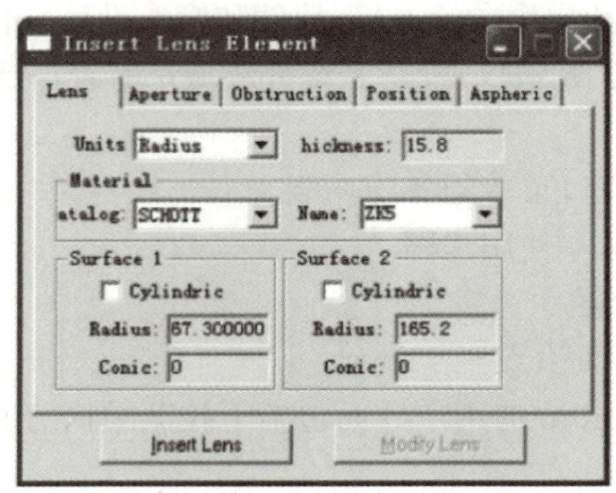

图 3.4.2 透镜参数设计

（2）菲涅耳透镜的建立：点击下拉菜单区的 Insert Fresnel Lens，出现如图 3.4.3 所示的窗口，通过设置环带大小、厚度、材料等参数，可以得到各种菲涅耳圆形透镜。

（3）反射镜的建立：点击下拉菜单区的 Insert Reflector，出现如图 3.4.4 所示的窗口，TracePro 提供了各种外形的反射镜，包括圆锥形（Conic）、矩形（Rectangular Concentrator）、多面体（Facetted Rim Ray）等，通过设置不同参数，可以得到各种反射镜。

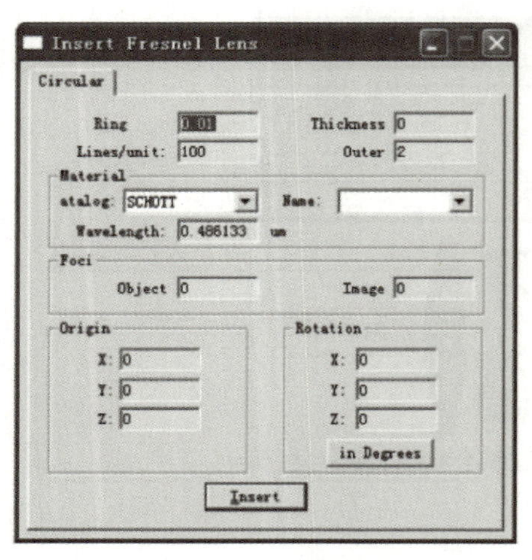

图 3.4.3 菲涅耳透镜参数设计

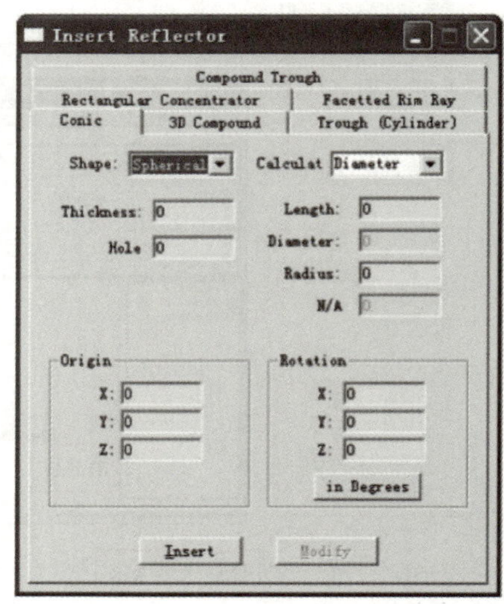

图 3.4.4 反射镜参数设计

（4）基本形状的建立：TracePro 可以提供矩形、圆筒 / 圆锥、圆环、球形等基本形状的模型。点击下拉菜单区的 Insert Primitive Solids，出现如图 3.4.5 所示的窗口，通过设置不同参数，可以得到各种基本形状。

此外，TracePro 还能插入遮光板、光管、光源等。

3. 定义光学特性

（1）运用属性：点击下拉菜单区的 Define → Apply Properties，出现如图 3.4.6 所示的窗口，在此窗口中我们可以对材料、表面属性、温度、模型色等进行定义。

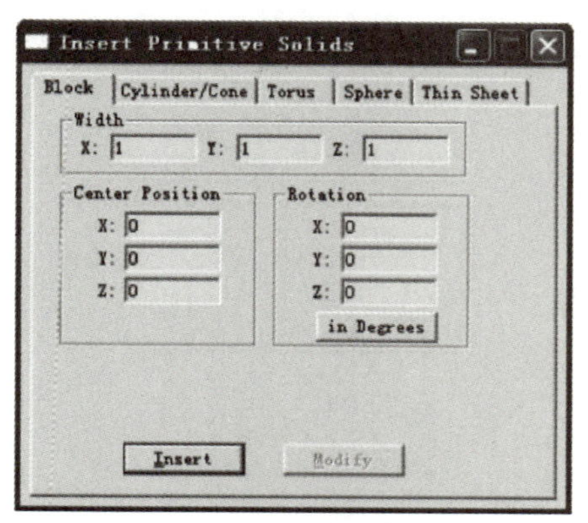

图 3.4.5 基本形状参数设计

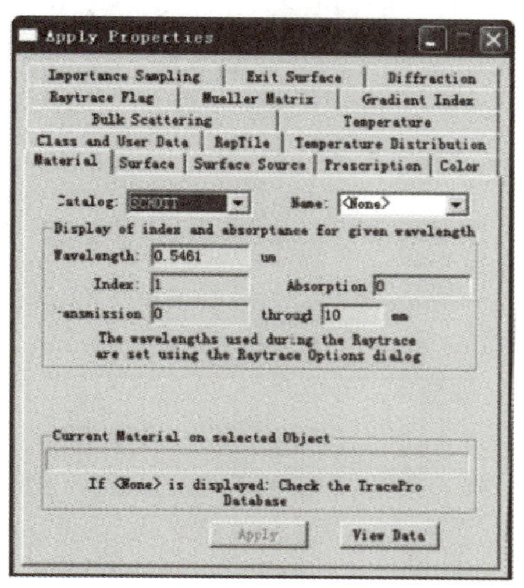

图 3.4.6 运用属性窗口

（2）编辑属性数据：点击下拉菜单区的 Define → Edit Property Data，可以编辑光学系统中元件的表面属性、材料、膜层以及设计微结构等，为使用者提供了极大的自由空间。

4. 定义光源参数

（1）直接调用 TracePro 光源库中已经定义好光源参数的实体模型。

（2）直接插入光源文件：点击下拉菜单区的 Insert → Source，选择需要插入的光源文件，点击下拉菜单区的 Define → Source Editor，根据需求建立光源参数。

（3）使用 TracePro 或者其他三维软件建立光源模型，然后定义光源参数。

5. 进行光线追迹

（1）栅格式光线追迹：在栅格式光线追迹方式中，可以在有规律的或者随机的栅格中指定光纤的空间和角度的分布。TracePro 从一个假想的平面中打出一栅格的光线，点击下拉菜单区的 Analysis → Grid Raytrace 对话框，对栅格参数和光线参数进行设置。

（2）光源光线追迹：光源光线追迹可以用来追踪一个表面光源或者光源文件，或者两者同时发出的光线，点击下拉菜单区的 Analysis → Source Raytrace 项设置参数。

（3）光源追迹选项：点击下拉菜单区的 Analysis → Raytrace Options 打开光线追迹对话框，设置光线追迹过程中的各参数。

（4）光线追迹模式：TracePro 可以选择不同模式来保存追迹中的光线。在分析菜单（Analysis Menu）的底部选择分析模式（Analysis Mode）或者模拟模式（Simulation Mode）。分析模式产生更多的光线数据，模拟模式占用更少的内存容量。

6. 分析模拟结果

完成光线追迹之后，当进行结果评估时，分析菜单提供方法来显示光线追迹的数据。大多数光线追迹结果从 Analysis Menu 中即可得到。

三、练习与思考

请用 TracePro 设计一个球形反光碗。

3.5 利用 MATLAB 模拟光的衍射

实验 3.5
数字资源

MATLAB 是美国 MathWorks 公司出品的商业数学软件，用于数据分析、无线通信、深度学习、图像处理与计算机视觉、信号处理、量化金融与风险管理、机器人、控制系统等领域。该软件主要面对科学计算、可视化以及交互式程序设计的高科技计算环境。它将数值分析、矩阵计算、科学数据可视化以及非线性动态系统的建模和仿真等诸多强大功能集成在一个易于使用的视窗环境中，为科学研究、工程设计以及必须进行有效数值计算的众多科学领域提供了一种全面的解决方案，并在很大程度上摆脱了传统非交互式程序设计语言的编辑模式。其强大的数值计算功能和高级可视化图形功能，能有效地对光的传播进行仿真模拟。本节将利用 MATLAB 仿真光的衍射效果。

一、任务

1. 了解菲涅耳衍射的快速傅里叶变换计算。
2. 了解角谱传递函数的计算。
3. 能利用 MATLAB 对光的衍射过程进行仿真模拟。

二、基本原理

1. 菲涅耳衍射的快速傅里叶变换计算

菲涅耳衍射积分是应用研究中最广泛使用的公式。假设物平面 O 上物光的复振幅为 $U_O(x_O, y_O)$，物光传播经过距离 d 到达观察面 D，面 D 上接收到的光波的复振幅为 $U(x, y)$，则根据菲涅耳衍射原理，$U(x, y)$ 可以表示为

$$U(x,y)=\frac{\exp(\mathrm{j}kd)}{\mathrm{j}\lambda d}\exp\left[\frac{\mathrm{j}k}{2d}(x^2+y^2)\right]$$

$$\times\iint_{-\infty}^{\infty}\left\{U_O(x_O,y_O)\exp\left[\frac{\mathrm{j}k}{2d}(x_O^2+y_O^2)\right]\right\}\exp\left[-\mathrm{j}\frac{2\pi}{\lambda d}(x_Ox+y_Oy)\right]\mathrm{d}x_O\mathrm{d}y_O \quad (3.5.1)$$

式中 j 是虚数单位，λ 为波长，$k=2\pi/\lambda$，为波数。

观察式（3.5.1）可以看出，其主要的计算部分在于对物光的复振幅与指数因子的乘积 $U_O(x_O,y_O)\exp\left[\frac{\mathrm{j}k}{2d}(x_O^2+y_O^2)\right]$ 进行傅里叶变换，变换之后再乘以一个二次相位因子。因此在仿真模拟的过程中，可以利用快速傅里叶变换 FFT 对式（3.5.1）进行计算。

在进行 FFT 计算的过程中，首先在物平面 O 上进行取样，取样宽度为 ΔL_O，取样数为 $N\times N$，取样间距为 $\Delta x_O=\Delta y_O=\Delta L_O/N$，则式（3.5.1）可以写成

$$U(p\Delta x,q\Delta y)=\frac{\exp(\mathrm{j}kd)}{\mathrm{j}\lambda d}\exp\left[\frac{\mathrm{j}k}{2d}((p\Delta x)^2+(q\Delta y)^2\right]$$

$$\times\mathrm{FFT}\left\{U_O(m\Delta x_O,n\Delta y_O)\exp\left[\frac{\mathrm{j}k}{2d}((m\Delta x_O)^2+(n\Delta y_O)^2)\right]\right\}_{\frac{p\Delta x}{\lambda d},\frac{p\Delta x}{\lambda d}}$$

$$\left(p,q,m,n=-\frac{N}{2},-\frac{N}{2}+1,\cdots,\frac{N}{2}-1\right) \tag{3.5.2}$$

其中 $\Delta x=\Delta y$，表示离散傅里叶变换后对应的空域取样间距。根据离散傅里叶变换的基本原理，式（3.5.2）的计算结果将是取值范围 $1/\Delta x_O$ 的 $N\times N$ 的离散值，则有：$\frac{\Delta L}{\lambda d}=\frac{1}{\Delta x_O}=\frac{N}{\Delta L_O}$，可得：$\Delta L=\frac{\lambda dN}{\Delta L_O}$。因此有

$$\Delta x=\Delta y=\frac{\Delta L}{N}=\frac{\lambda d}{\Delta L_O} \tag{3.5.3}$$

以上结果表明，观察面 D 上的取样范围 ΔL 和照明光波长、取样数还有面 O 与面 D 的间隔距离都有关系，对于给定的光波长 λ 和面 O 的取样范围 ΔL_O，当传播距离 d 减小的时候，如果取样数 N 保持不变，则 Δx 和 Δy 都会变得非常小，则计算结果只对应于观测平面上临近光轴很小区域的衍射图像，因此这种算法主要适用于衍射距离 d 较大的情况。

综合考虑奈奎斯特取样定理和 FFT 前方二次指数相位因子的取样问题，可以得到面 O 和面 D 的取样间隔应满足

$$\Delta x_O=\Delta x=\sqrt{\frac{\lambda d}{N}} \tag{3.5.4}$$

或者

$$\Delta L_O=\Delta L=\sqrt{\lambda dN} \tag{3.5.5}$$

才能通过一次离散傅里叶变换计算获得满足奈奎斯特取样定理的非涅耳衍射场离散分布。

2. 衍射角谱的传递函数及计算

根据衍射角谱传播理论，利用傅里叶变换可以表示非傍轴近似的衍射准确解如下

$$U(x,y)=F^{-1}\{F\{U_O(x,y)\}H_B(f_x,f_y)\} \tag{3.5.6}$$

其中 H_B 为角谱传递函数，可以表示为

$$H_B(f_x,f_y)=\exp\left[jkd\sqrt{1-(\lambda f_x)^2-(\lambda f_y)^2}\right] \tag{3.5.7}$$

该过程可以用快速傅里叶变换 FFT 和快速逆傅里叶变换 IFFT 计算。同样设物平面 O 的取样宽度为 ΔL_O，取样数为 $N\times N$，取样间距为 $\Delta x_O=\Delta y_O=\Delta L_O/N$，则式（3.5.6）可以写成

$$U(p\Delta x,q\Delta y)=\mathrm{IFFT}\left\{\mathrm{FFT}\{U_O(r\Delta x_O,s\Delta y_O)\}\times\exp\left[jkd\sqrt{1-(\lambda m\Delta f_x)^2-(\lambda n\Delta f_y)^2}\right]\right\}$$

$$\left(p,q,r,s=-\frac{N}{2},-\frac{N}{2}+1,\cdots,\frac{N}{2}-1\right) \tag{3.5.8}$$

根据取样定理有：$\Delta f_x=\Delta f_y=\frac{1}{\Delta L_O}$，由此可得衍射角谱公式的取样依据如下

$$\frac{\lambda dN}{\Delta L_O\sqrt{\Delta L_O^2-2(\lambda N/2)^2}}\leqslant\pi \tag{3.5.9}$$

$$\Delta L_O\geqslant\sqrt{\lambda dN} \tag{3.5.10}$$

三、MATLAB 模拟衍射

1. MATLAB 模拟圆孔衍射源程序：

```
clear
clc

% 设置初始值
LO=10e-3; % 物平面取样长度
lamda=532e-9; % 照明光波长
k=2*pi/lamda; % 波数
N=256; % 取样数
dxO=LO/N; % 物平面取样间隔
dyO=LO/N; % 物平面取样间隔
d=LO^2/lamda/N; % 传播距离
L=lamda*d*N/LO; % 像平面取样长度
dx=L/N; % 像平面取样间隔
dy=L/N; % 像平面取样间隔

% 设置方形矩阵
X=ones(N,1);
Y=X;
for a=1:N
   X(a)=a-N/2;
   Y(a)=a-N/2;
end
[XX,YY]=meshgrid(X,Y);
xy_grid=XX.^2+YY.^2;

% 设计物光形状
UO=zeros(N);
for a=1 : N
   for b=1 : N
      r=((a-N/2).^2+(b-N/2).^2).^0.5;
      if r<=64
         UO(a,b)=1;
      end
   end
end
```

```
% 利用菲涅耳衍射的快速傅里叶变换计算衍射图样
U1=UO.*exp(i*k/2/d.*xy_grid.*dx.^2);
fftU1=fftshift(fft2(fftshift(U1)));
U1=exp(i*k*d)/i/lamda/d*exp(i*k/2/d.*xy_grid.*dx.^2).*fftU1;
absU1=abs(U1);
% 显示衍射图样
figure
imagesc(absU1)

% 利用角谱传递函数计算的衍射图样
fftUO=fftshift(fft2(fftshift(UO)));
absfftUO=abs(fftUO);
U2=ifftshift(ifft2(ifftshift(fftUO.*exp(i*2*pi*(d).*(1/lamda.^2-xy_grid./L.^2).^0.5))));
absU2=abs(U2);
phaseU2=angle(U2);
iU2=imag(U2);
% 显示衍射图样
figure
imagesc(absU2)
```

2. 模拟结果(图 3.5.1):

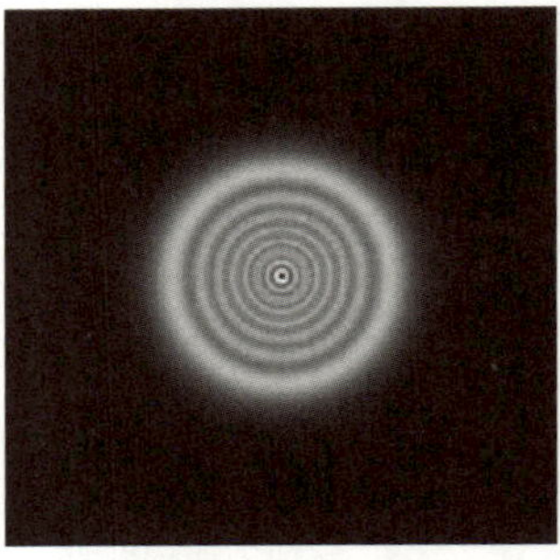

利用菲涅耳衍射的快速傅里叶变换计算衍射图样

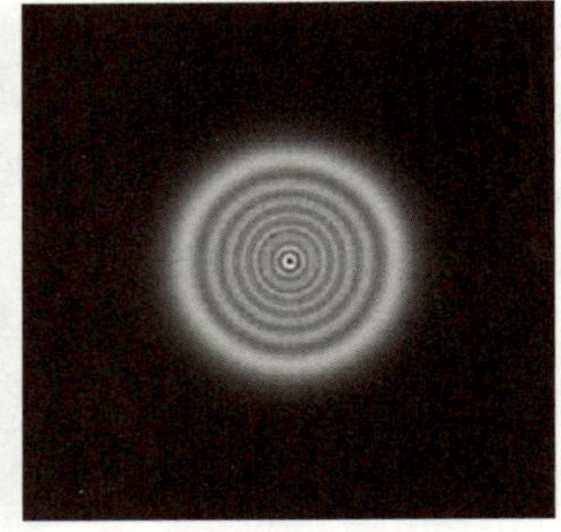

利用角谱传递函数计算的衍射图样

图 3.5.1 数值模拟衍射图样效果

四、练习与思考

1. 改变取样数会对模拟结果有什么影响?改变传播距离会对模拟结果有什么影响?这和实际衍射情况相比,有没有什么不同?

2. 模拟矩形孔的衍射效果,矩形孔边长为 1 cm,传播距离为 1 m,请自行选择取样数,分别用两种方法模拟像平面的衍射图样,分析模拟衍射图样和实际衍射结果的差异,并分析造成差异的原因。

第四章　智慧农业应用实例 >>>

第四章
数字资源

智慧农业是以信息、知识、装备为核心要素的现代农业生产方式，在高品质、高精度、高可靠、低功耗农业环境信息感知，农产品品质信息感知，高端动植物生命信息感知，农机装备专用传感器等技术方向，都需要高性能光学系统来实现信息的感知。

本章将提供六个工程光学系统设计在智慧农业中的应用实例，以便学生利用所学的实验原理、实验操作和软件应用设计和制作出能实际应用于农业中的光学系统。其中第一个实例中包含了设计样例，后续的五个实例包含光学系统的原理、设计思路和技术要点，需要学生仿照第一个实例来进行设计。

4.1 交叉非对称 Czerny-Turner 光谱仪的设计

实验 4.1
数字资源

一、背景分析

光谱仪（Spectroscope）又称分光仪，是一种将成分复杂的光分解为光谱线的科学仪器，能利用光谱技术原理对物质结构和成分进行观察、分析和处理。按照其工作原理，光谱仪可以分为棱镜色散性、干涉型、滤光片型、光栅色散型和计算层析型。其中光栅色散型光谱仪由于其具有原理简单、性能稳定、色散均匀、光谱分辨率高、谱线弯曲小、色畸变小等优势，被广泛运用于颜色测量、气体成分分析、农业医学、食品安全等领域。

Czerny-Turner（车尔尼 – 特纳）光谱仪是一种典型的光栅色散型光谱仪，它能进行多组分检测且具有高灵敏度，在航天、遥感和农业检测等领域中都有着十分广泛的应用。Czerny-Turner 光谱仪包括入射狭缝、准直镜、反射光栅、聚焦镜和线阵探测器几个部件，如图 4.1.1 所示。入射光线经过入射狭缝之后经过准直镜、反射光栅和聚焦镜，将不同波长的光聚焦到线阵探测器上的不同位置进行探测。

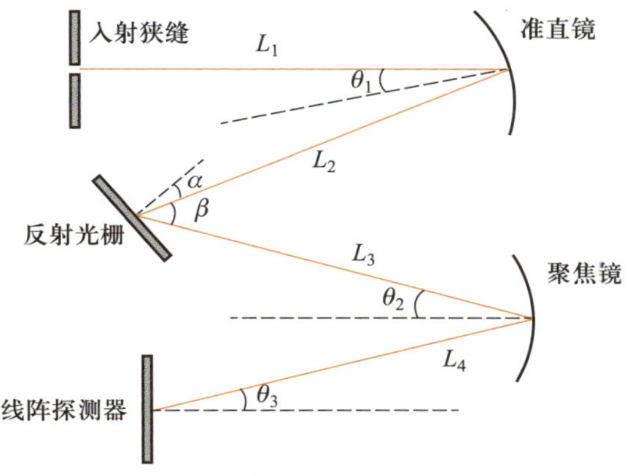

图 4.1.1　Czerny-Turner 光谱仪光学系统示意图

二、技术要点

设计一个用于检测农产品品质的近红外 Czerny-Turner 光谱仪，光谱仪包括一个狭缝，两个凹面镜，一个闪耀光栅和一个线阵探测器，具体技术要求如下

（1）光谱仪整体尺寸小于 60 mm × 60 mm；

（2）工作波段：900~1 700 nm；

（3）波长分辨率：小于 10 nm；

（4）线阵探测器长度：小于 1 cm；

（5）狭缝宽度：0.05 mm。

三、设计步骤

1. 基本原理及初始结构设计

如图 4.1.1 所示，当一束复合光线进入单色仪的入射狭缝之后，首先由准直镜（凹面镜）会聚成平行光，平行光照射在光栅上，不同波长的光的衍射角不同，会被分开。通过光栅色散分开的波长由聚焦镜（凹面镜）再次成像，在线阵探测器上不同的波长就会成像在不同的位置，通过探测不同位置的光强，就能得到不同波长所对应的强度，从而得到光谱曲线。

虽然如图 4.1.1 所示的装置也可以实现上述过程，但是由于技术要求光谱仪的尺寸在 60 mm × 60 mm 以内，因此我们选择折叠交叉的结构来减小光谱仪的整体体积。我们选择的折叠交叉的结构如图 4.1.2 所示。

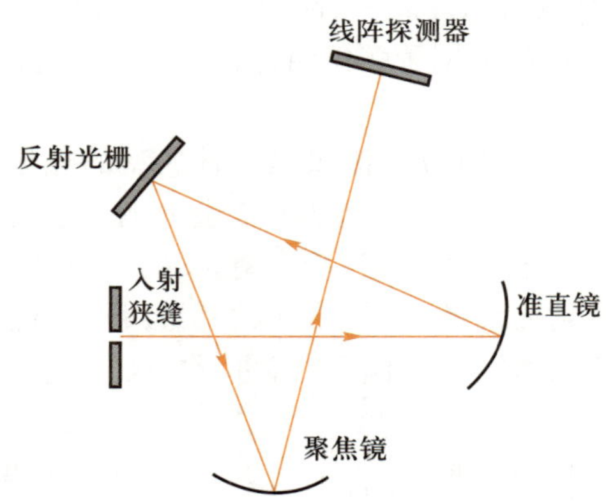

图 4.1.2 Czerny-Turner 光谱仪折叠结构示意图

2. 初始设置

（1）输入入瞳数据：打开 ZEMAX 软件，如图 4.1.3 所示，在工具按钮栏里点击 “Gen” 并选择 “Aperture” 标签，在 “Aperture Type” 中选择 “Entrance Pupil Diameter”，在 “Aperture Value” 中输入 “10”，在 “Apodization Type” 中选择 “Uniform”，点击 “确定”。

（2）输入视场：如图 4.1.4 所示，在工具按钮栏里点击 “Fie”，选择 “Angle（Deg）”，在 “Use” 栏里勾选 “1”，点击 “OK”。

（3）输入波长：如图 4.1.5 所示，在工具按钮栏里点击 “Wav”，在 “Use” 栏里勾选 “1” “2” “3”，在 “Wavelength（μm）” 栏里输入 “1.7” “1.3” “0.9”，点击 “OK”。

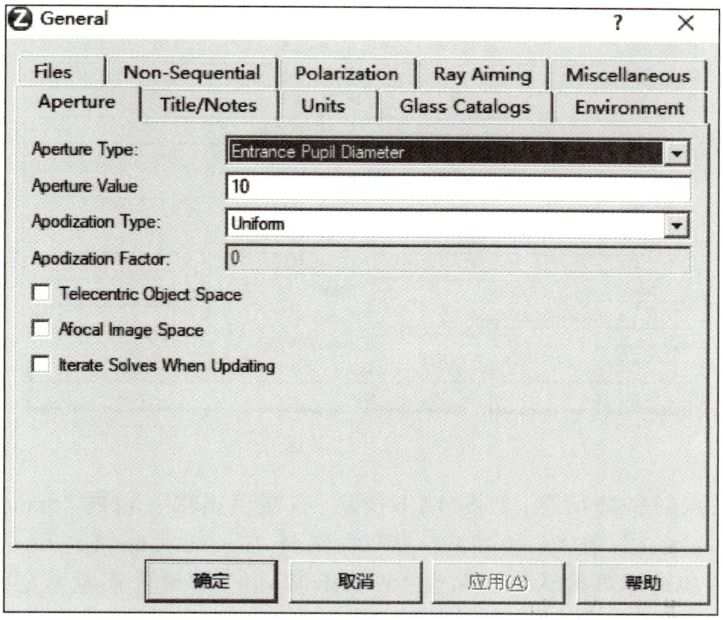

图 4.1.3 输入入瞳数据

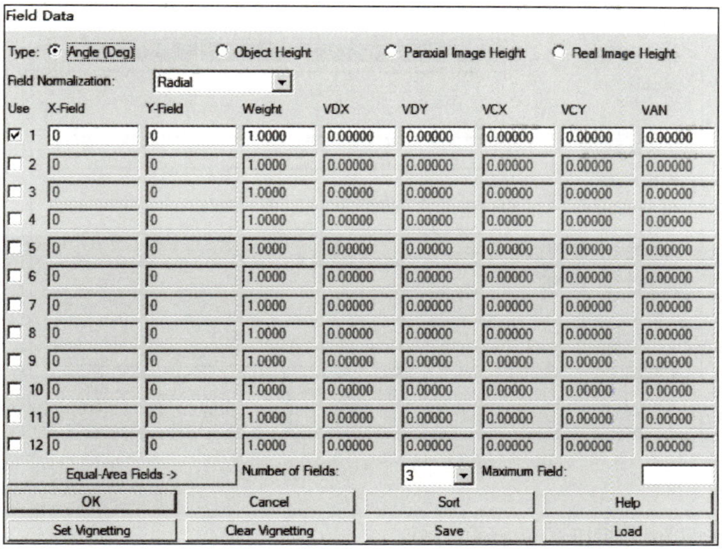

图 4.1.4 输入视场

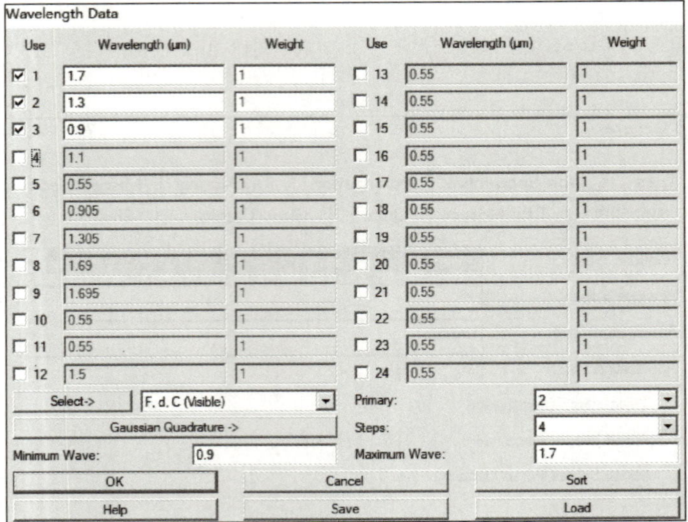

图 4.1.5 输入波长

（4）输入入射狭缝信息：如图 4.1.6 所示，右键点击第一行的“Standard”，在对话框中选择“Aperture”，在“Aperture Type”中选择“Rectangular Aperture”，在“X-Half Width”中设置狭缝半高度为“0.5”，在“Y-Half Width”中设置狭缝半宽度为“0.025”，点击“确定”，得到一个 1 mm × 0.05 mm 的狭缝。

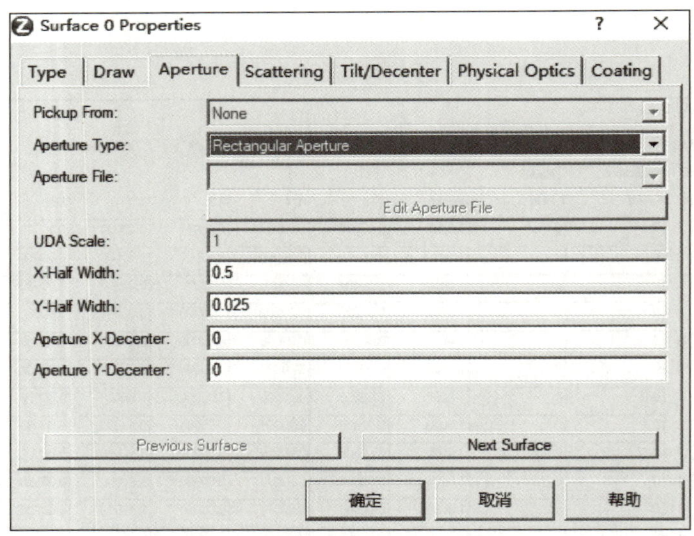

图 4.1.6 入射狭缝信息

3. 闪耀光栅和凹面镜的选择和计算

（1）设置断点：根据技术要点中规定的光谱仪大小，样例中将狭缝和准直镜的距离（狭缝的“Thickness”）设置为 50 mm。插入一个面，右键点击“Standard”，如图 4.1.7 所示，在对话框中选择“Type”，在“Surface Type”中选择“Coordinate Break”，点击“确定”。

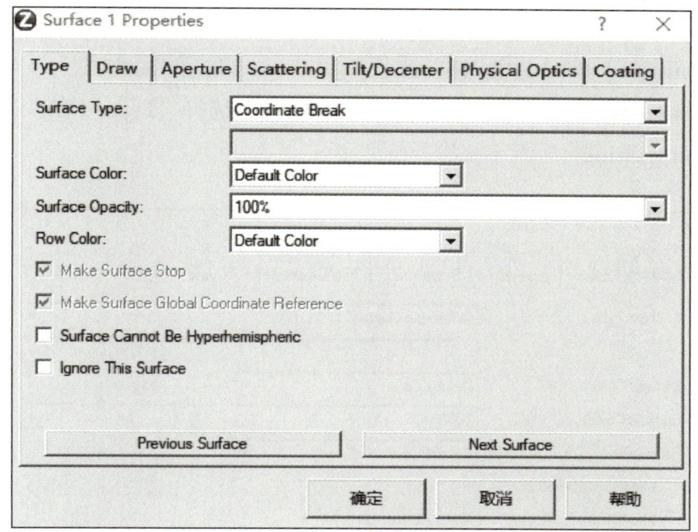

图 4.1.7　设置断点

（2）准直镜的选择：根据之前的设置，样例中将准直镜的曲率半径“Radius”设置为“−100 mm”以使得狭缝出射的光经过准直镜之后成为平行光，准直镜的“Glass”选择“MIRROR”。设置准直镜的角度，右键点击准直面，如图 4.1.8 所示，在对话框中选择“Tilt/Decenter”，在“Before Surface”里的“Tilt X”一栏中填入入射面角度（在样例中设置的是“11”），在“After Surface”里的“Tilt X”中填入出射面角度（在样例中设置的是“11”），点击“确定”。

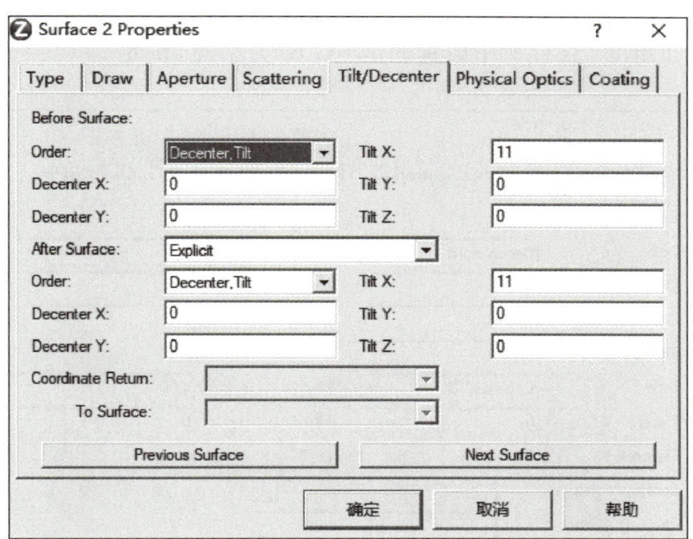

图 4.1.8　准直镜角度的设置

（3）闪耀光栅的设置：设置第二个断点，然后根据光谱仪的工作范围，样例中选择的是 3 000 线的闪耀光栅，衍射级次选择 −1 级，综合考虑光谱仪的大小、元件的摆放位置和光栅的衍射特性来选择闪耀光栅的入射角，样例中入射角设置为 12.6°，根据光栅方程 $d(\sin i \pm \sin \theta)=k\lambda$ 可得，中心波长 1 300 nm 的光的衍射角为 37.6°。插入一个面，右键点击“Standard”，如图 4.1.9 所示，在对话框中选择“Type”，在“Surface Type”中选择“Diffraction Grating”。

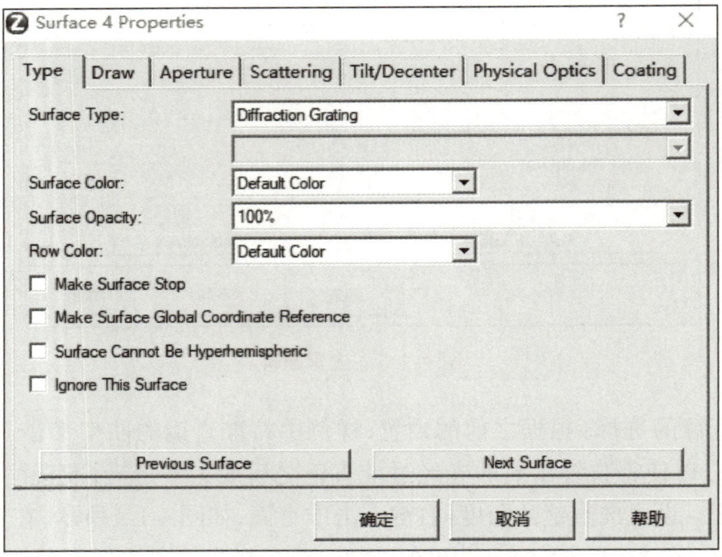

图 4.1.9 设置闪耀光栅面型

如图 4.1.10 所示，在对话框中选择“Tilt/Decenter”，在“Before Surface”里的“Tilt X”一栏中填入入射面角度（在样例中设置的是“12.6”），在“After Surface”里的“Tilt X”中填入出射面角度（在样例中设置的是“37.6”），点击“确定”。

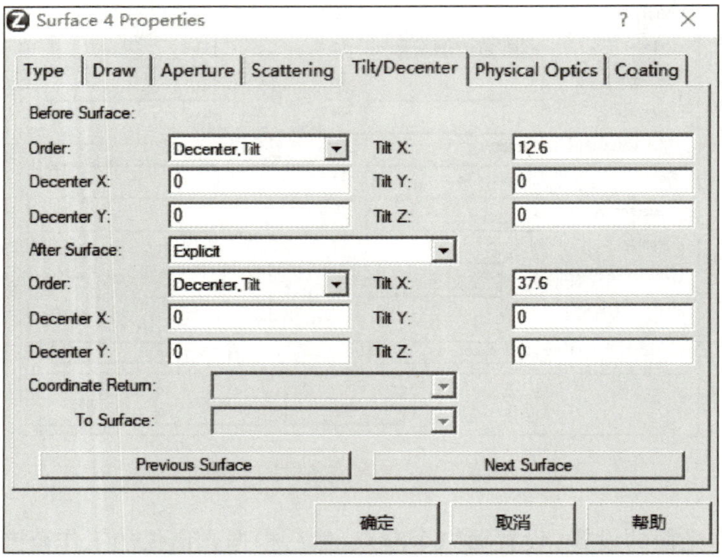

图 4.1.10 闪耀光栅角度的设置

（4）设置聚焦镜：根据之前的设置，样例中将聚焦镜的曲率半径“Radius”设置为“-120 mm”，“Thickness”设置为“-55.4”，以使得狭缝出射的光经过聚焦镜之后在探测器聚焦。准直镜的“Glass”选择“MIRROR”。设置聚焦镜的角度，右键点击聚焦镜，如图 4.1.11 所示，在对话框中选择“Tilt/Decenter”，在“Before Surface”里的“Tilt X”一栏中填入入射面角度（在样例中设置的是“15”），在“After Surface”里的“Tilt X”中填入出射面角度（在样例中设置的是“15”），点击“确定”。

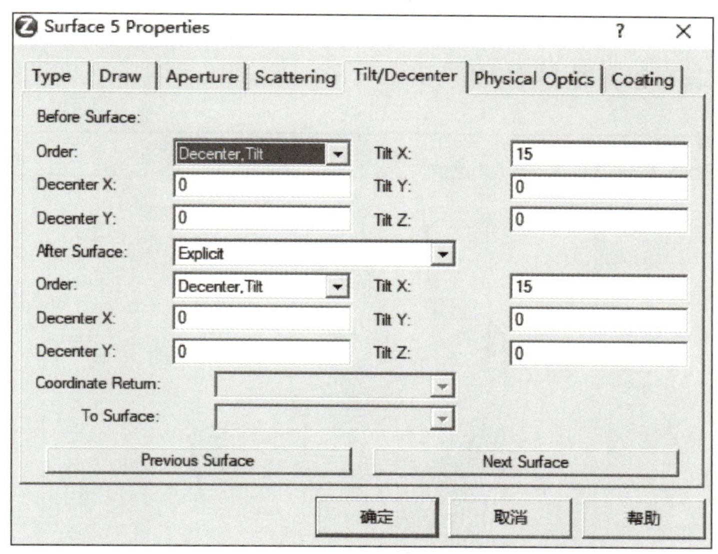

图 4.1.11　聚焦镜角度的设置

样例的最终设置如图 4.1.12 所示。

		Comment	Radius	Thickness	Glass	Semi-Diameter	Conic
*	Standard	狭缝	Infinity	50.000		0.000	0.000
STO	Coordinat..	断点		0.000	-	0.000	
2+	Standard	准直镜	-100.000	-50.000	MIRROR	5.155	0.000
3	Coordinat..	断点		0.000	-	0.000	
4+	Diffracti..	闪耀光栅	Infinity	35.000	MIRROR	5.073	0.000
5#	Standard	聚焦镜	-120.000	-55.400	MIRROR	9.951	0.000
IMA	Standard	探测面	Infinity	-		9.319	0.000

Par 0(unused)	Par 1(unused)	Par 2(unused)	Par 3(unused)	Par 4(unused)	Par 5(unused)	Par 6(unused)
	0.000	0.000	0.000	0.000	0.000	0
	0.000	0.000	0.000	0.000	0.000	1
	0.300	-1.000				

图 4.1.12　光谱仪结构的设置参数

4. 设计结果

光谱仪的光路结构图与相差畸变

（1）光路：在工具按钮栏里分别点击“L3d”“Spt”和“Ray”就可以看到 Czerny-Turner 光谱仪的光路结构图、光斑图和光线差图，如图 4.1.13 所示。

从图 4.1.13 中可以看出，波长为 900 nm、1 300 nm 和 1 700 nm 的光都在探测器范围内聚焦，并且彼此分开。

（2）分辨率：在工具按钮栏里点击“Wav”，在“Use”栏里勾选“1”“2”“3”，在“Wavelength（μm）”栏里输入“0.9”“0.905”“0.910”，点击“OK”。在工具按钮栏里点击“Spt”就可以看到光谱仪的光斑图，如图 4.1.14 所示，可以看出 900 nm 附近间隔 5 nm 的三个波长在探测器上可以被分开。

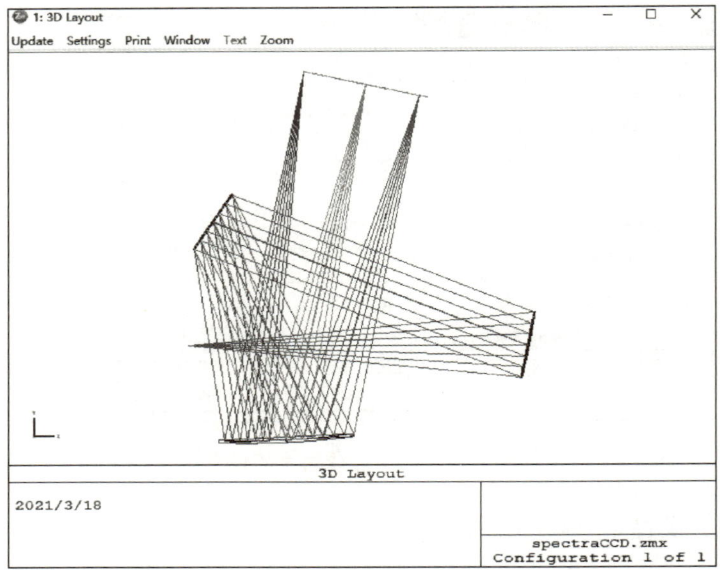

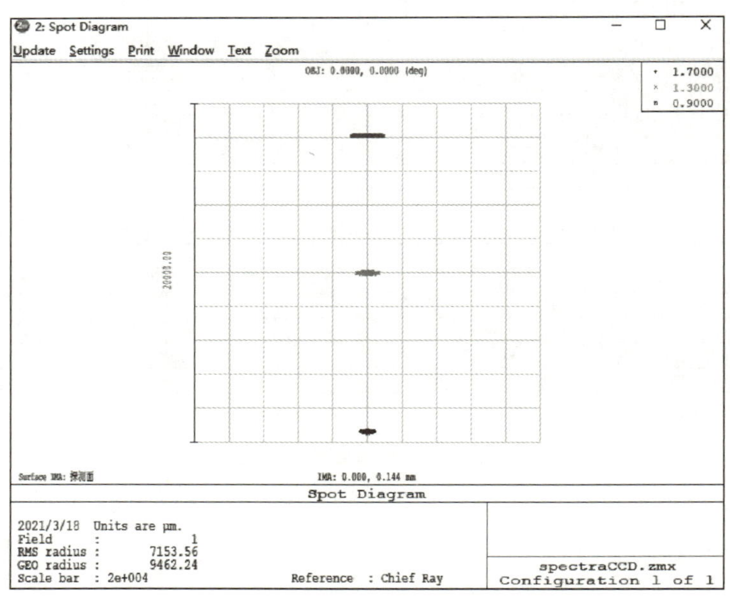

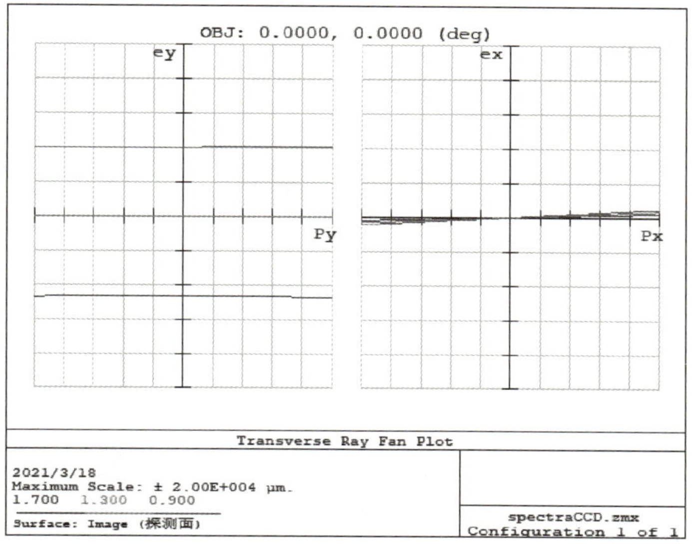

图 4.1.13　光谱仪的光路结构图与相差畸变

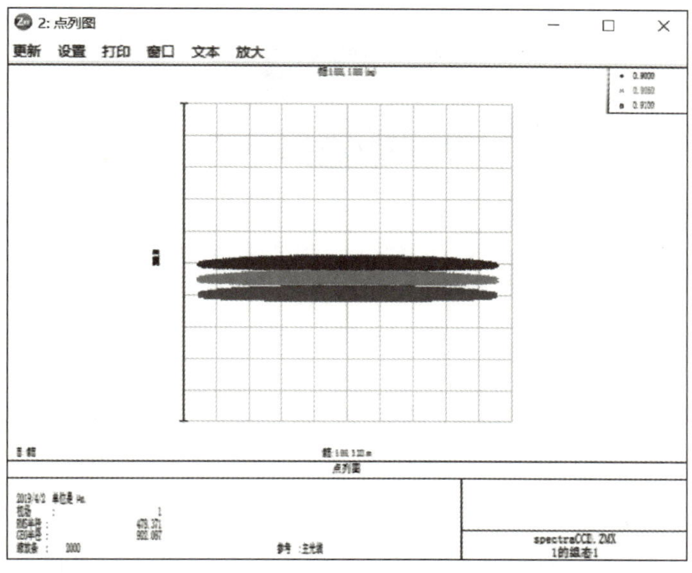

图 4.1.14　900 nm 附近光斑图

900 nm 附近光斑图

用同样的方法可以得到波长为 1 295 nm、1 300 nm 和 1 305 nm 入射光的光斑图以及波长为 1 700 nm、1 695 nm 和 1 690 nm 入射光的光斑图，如图 4.1.15 所示，可以看出间隔 5 nm 的三个波长在探测器上也能被分开，证明该光谱仪的分辨率小于 10 nm。

1 300 nm 附近光斑图

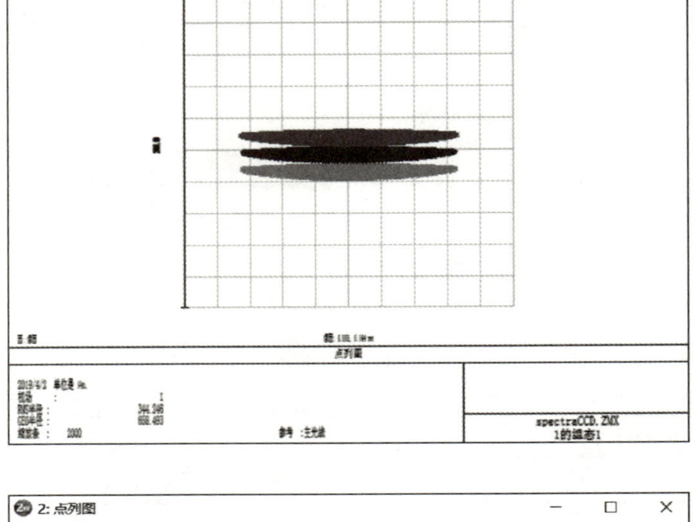

1 700 nm 附近光斑图

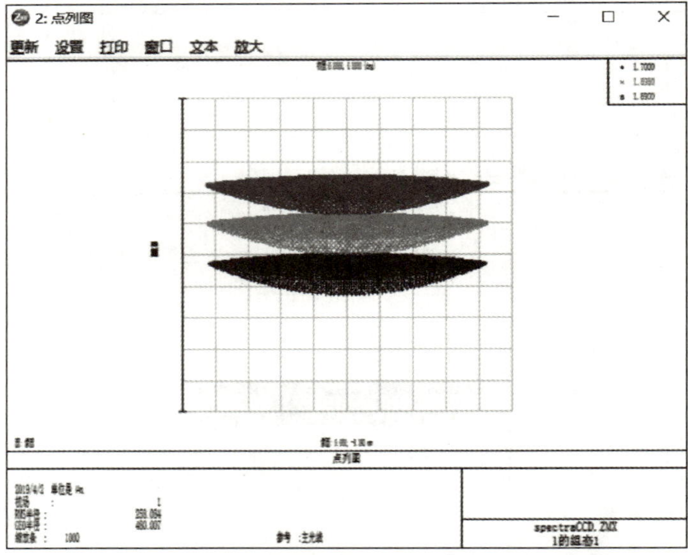

图 4.1.15 1 300 nm 附近（左）和 1 700 nm 附近（右）的光斑图

四、练习与思考

请你自行设计一个工作波段为可见光波段的 Czerny-Turner 光谱仪，满足样例的其他条件，利用相应的光学元件搭建系统并观察汞灯的光谱。

4.2 智慧农业机器人视觉镜头光学设计

实验 4.2
数字资源

一、背景分析

人工智能技术在水产养殖中的应用主要在生命信息获取、生长调控与决策、疾病预测与诊断、环境感知与调控、水下机器人等领域。然而，由于水下能见度较低，往往处于微光状态或无光状态，要实现水下鱼种类识别、鱼类行为识别、生物量估算等要求，必须采用合适的技术手段提高成像质量。水对光的吸收和散射是光在水中传输时的能量衰减的主要因素，一般水在 480~570 nm 这个波段吸收最小，但是也足以使光能传输 1 m 后衰减 4%，水对光的散射会缩短成像距离，降低成像对比度。因此，水下成像时，往往借助蓝绿色的辅助照明装备来实现水下目标的清晰成像。

由于水下成像为微光成像，采用像增强器、光纤光锥与 CCD 耦合可实现弱光信号增强。如图 4.2.1 所示，利用光纤光锥，将图像耦合到 CCD 的光敏面上，实现微光成像和高分辨率成像。光纤光锥的小端面（A 面）与 CCD 的光敏面紧密接触，同时保证光纤光锥小端面有较好的平行度和光圈数，以便能够清晰成像。

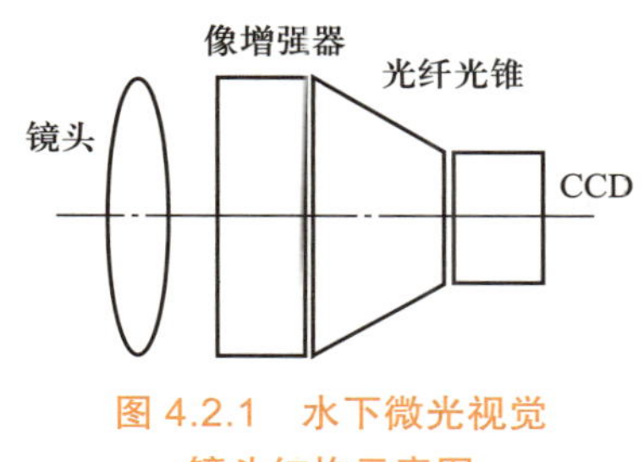

图 4.2.1 水下微光视觉镜头结构示意图

为实现光源与光电传感器的匹配，采用绿光发光二极管（520~530 nm）作为辅助照明光源，从而提高系统的光能接收效率和光电转化效率。光源角度大于镜头角度将会产生手电筒效应，反之将浪费光源能量，因此光源角度往往比镜头角度稍大一点，可以保证光源能量和镜头的有效利用。

二、技术要点

设计一个以像增强器入射面为接收面的水下微光镜头，入射面尺寸的直径为 18 mm，CCD 为 Watec-902h2 型号低照度探测器。水下微光镜头具体技术要求如下：

（1）F 数：2；

（2）焦距：12 mm；

（3）水下视场角：50 度；

（4）像元尺寸：8.5 μm

（5）光谱范围：500~600 nm，中心波长为 525 nm；

（6）畸变：<5%；

（7）传递函数：>0.5@65 lp/mm。

三、设计思路

1. 水对光学成像的影响

由于水分子在紫外光谱和红外光谱带上存在强烈的共振，因此水对这些光谱部分表现出强烈的吸收。水对光的衰减也非常严重，水对光的衰减作用包含对光的吸收和散射，在吸收的过程中，光子能量转化为热能耗散，在散射过程中，光子的行进方向发生改变，能量却并不会消失。在这两种过程的共同作用下，水对光的衰减和波长之间的关系十分复杂，水的衰减系数与入射光波长成非线性关系，这对影像的对比度产生了极为有害的影响，成为水下成像最为严重的噪声来源。

由于水的折射率不同于空气和镜头玻璃，光线在传输过程中遇到介质分界面就会发生折射现象。在水下成像的时候，目标物体处在复杂的水介质当中，而成像系统被封闭在空气环境里，则目标物体发出的光在传播过程中会经过一系列介质分界面，产生折射，如图 4.2.2 所示，从而使得水下光学成像系统产生聚焦误差、视角误差、畸变和色差等不利因素。

因此在水下成像的过程中，需要采取必要的特殊措施以消除这些影响。为了得到完整清晰的成像，可以采用以下几种方法：

（1）采用玻璃半球防水密封窗，改善由于水介质折射引起的缺陷；

（2）普通摄影物镜与远焦型附加镜组结合，一方面满足水下摄影的要求，另一方面又能保持普通摄影物镜的完整和使用性能；

（3）采用水接触专用摄影物镜，彻底校正像差和消除水介质的影响。

2. 成像系统形式的选择

想要完全消除水的特性对成像系统的影响，得到清晰的水下成像，必须设计专门的水下摄影镜头。在本例中，采用反摄远结构作为首选初始结构。反摄远系统由一个正透镜组件和一个负透镜组件组成，如图 4.2.3 所示，这使它既可实现大相对孔径大视场，又具有较长的后工作距离，有利于在像面处安装像增强器。

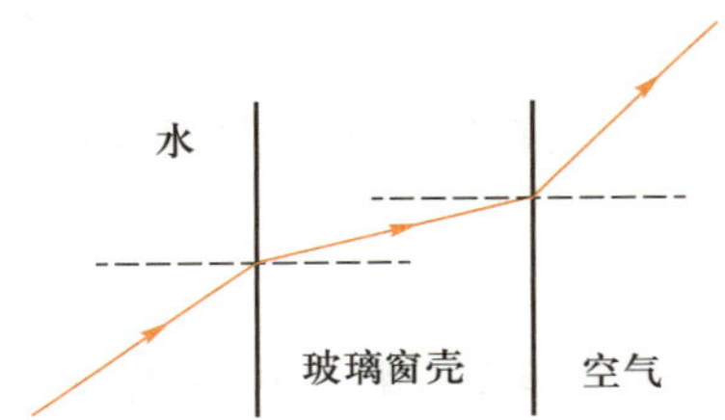

图 4.2.2 光线通过水－玻璃窗壳－空气界面时发生的折射现象

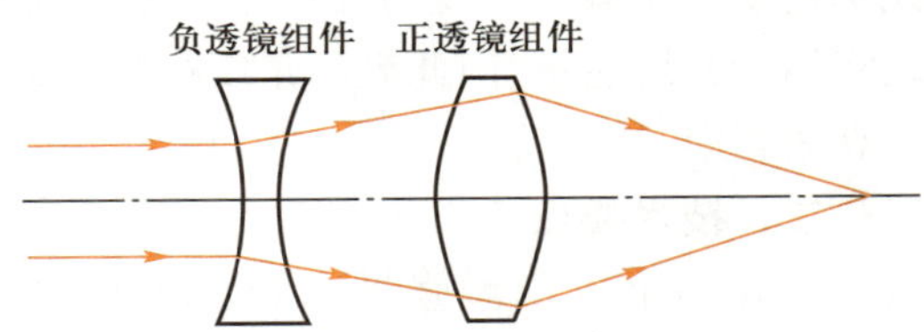

图 4.2.3 反摄远结构示意图

在反摄远结构中，正透镜组件通常由低折射率冕牌玻璃和高折射率火石玻璃构成，而负透镜组件通常由高折射率冕牌玻璃和低折射率火石玻璃构成。由于这种结构没有对称性，因此校正彗差、畸变和色散会比较困难。在很多其他的设计中，这些像差是通过元件对于孔径光阑的对称来校正和减小的。在反摄远结构中，要同时对前后两部分组件分别单独消色差，通常的做法是将孔径光阑放在后方正透镜组件处，而在前方的负透镜组件中放置消色差透镜。在彗差、畸变和色差等的校正中，只有畸变不影响图像的清晰度，在实际设计和制作中会适当放宽对畸变校正的要求以获得对其他种类的像差更好的校正。因此，在优化过程中，往往会降低价值函数中畸变的权重，看是否会得到整体的改进。

水下监控物镜系统的物方介质为水，需要在光学系统前安装耐压密封平板玻璃窗，因此该玻璃窗为光学系统的第一面，需要参与成像及像差校正，考虑到石英玻璃成本低，又具有优良的光谱特性和化学稳定性，因此选择石英玻璃为玻璃窗材料。如图 4.2.4 所示，水密窗口一般有两种形式：圆顶壳窗形式和平板壳窗形式。平板壳窗结构简单，易于安装和固定，光焦度为零，对整个光学系统的成像不产生影响，但是承受水下静压力的能力较弱。而圆顶壳窗虽然对水下静压力有更高的承受能力，其表面曲率也可以参与像差的校正，能够提高光学系统的像差校正能力，但是装配麻烦，加工精度要求高，对成像质量也有一定影响。综合分析智慧农业机器人在水下的使用情况，由于对于深水重压的条件并没有很苛刻的要求，因此选择平板壳窗玻璃更为合适。

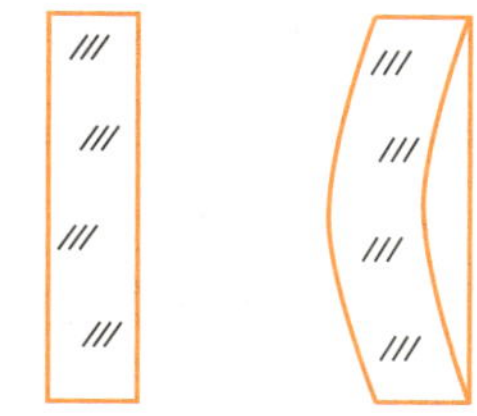
图 4.2.4 平板壳窗和圆顶壳窗

3. 系统参数的确定

（1）确定物镜的主要技术参数，包括焦距、相对孔径和视场角等，并根据水的光谱响应特性进行优化。

（2）确定整机的结构形式，采用视频输出的形式，将水下观测目标经过物镜成像在探测器上，并在显示器上直接进行观察。

（3）确定目镜的参数，通过目镜观察目标在探测器上的成像效果，在此过程中需考虑目镜的抗压、密封及防腐性能。

4. 像质的评价

（1）传递函数曲线：光学传递函数是一个空间不变线性系统的成像性质，可用物平面和像平面上不同频率的余弦分布的振幅和相位差来表示。在 ZEMAX 软件中设计好镜头的结构之后，在工具按钮栏里单击“Mtf”就可以看到透镜组的传递函数。传递函数曲线的高频部分表征细节分辨能力，低频部分表征轮廓分辨能力。优化结构使得各视场传递函数曲线基本一致，成像均匀，系统对比度高。

（2）点列图：由一点发出的多条光线经过光学系统之后，由于存在像差，因此在像面上不会聚焦于一点，而会在一定范围内形成一个弥散的图形。图形中点的密集程度可以用来衡量光学系统的成像质量。在 ZEMAX 软件中设计好镜头的结构之后，在工具按钮栏里单击“Spt”得到点列图，优化透镜组参数，使得点列图中的各点更为集中。

（3）圈入能量：在 ZEMAX 软件中设计好镜头的结构之后，在工具按钮栏里单击“Enc”得到圈入能量。圈入能量越高证明该系统的成像质量越好。

（4）畸变：畸变是珠光线和高斯像面交点的高度与理想像差高的差值，畸变使得成像产生变形。在 ZEMAX 软件中设计好镜头的结构之后，在工具按钮栏里单击“Ray”得到光线差图，可以看出系统的光学畸变。

除了像差的评价之外，对于整个光学系统的评价还应包含对外形尺寸的评价和对景深和透过率的计算。外形尺寸的评价包括对光学系统的整体大小和玻璃材料进行评价，保证整体大小合适，玻璃材料易于获取，设计出来的透镜参数最好有商用成品透镜与之对应。对景深和透过率的计算能得到成像的空间深度和光学系统对于入射光的损失情况。

四、设计结果

请你自行设计水下微光成像系统,并附上以下图表:

(1)光学系统结构图;

(2)透镜参数表;

(3)光学传递函数图;

(4)点列图;

(5)能量包络图;

(6)畸变图。

4.3 无人机载航拍光学系统设计

实验 4.3
数字资源

一、背景分析

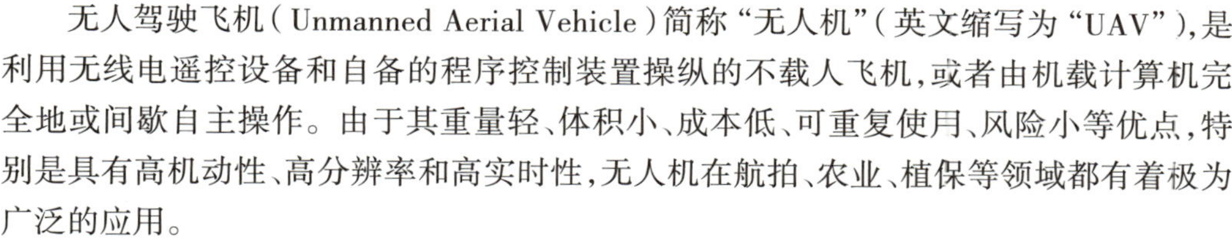

无人驾驶飞机（Unmanned Aerial Vehicle）简称“无人机”（英文缩写为“UAV”），是利用无线电遥控设备和自备的程序控制装置操纵的不载人飞机，或者由机载计算机完全地或间歇自主操作。由于其重量轻、体积小、成本低、可重复使用、风险小等优点，特别是具有高机动性、高分辨率和高实时性，无人机在航拍、农业、植保等领域都有着极为广泛的应用。

由于受到飞行高度和相机焦距的限制，无人机载相机的航拍单幅成像往往不能完全覆盖到所需的大视场。目前，无人机的全景成像技术主要采用两种技术体制：大视场镜头和图像拼接。大视场镜头可以获得半球左右的图像，且实时性好，但是成像存在畸变，且成像分辨率低，成像系统结构也较为复杂。图像拼接可以得到高分辨率的图像，但是成像速度慢、实时性差、数据量大且拼接算法烦琐。我们在使用中会根据对成像效果的要求和实际成像环境条件进行选择。

目前无人机载相机的光学镜头设计集中于单孔径系统。为了保证实时获取图像，同时受到无人机体积的限制，机载面阵数字相机需要满足体积小、质量小、分辨率高的要求。作为相机的重要部件，光学镜头的品质直接影响相机的成像品质和拍摄精度。如图 4.3.1 所示，无人机的面阵数字相机镜头由前镜筒组件、光阑组件、后镜筒组件及快门组件等部分组成。

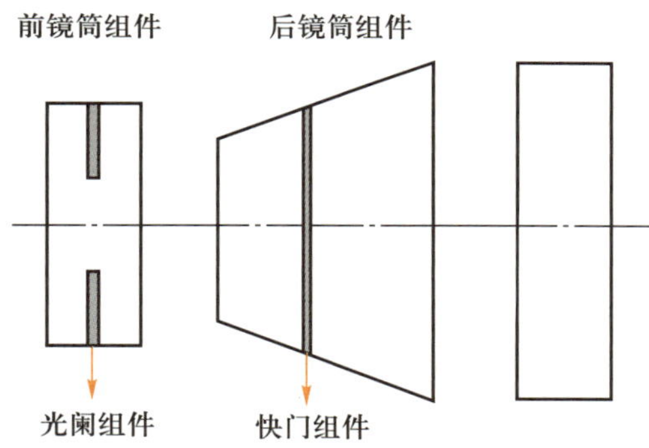

图 4.3.1　面阵数字相机镜头结构图

为实现大视场和宽幅成像，也可采用曲面复眼结构来扩大视场角，同时减小光学畸变和图像失真，利用曲面复眼结构可以实现无人机载相机结构紧凑、灵敏度高和探测运动目标等特点，实现高空对地广域探测，在农业上有着非常大的应用前景。

二、技术要点

设计一个小型无人机载航拍光学系统实现对农田的实时监测。无人机载航拍光学系统的技术要求如下：

（1）总焦距：52.5 mm；

（2）F数：2；

（3）视场角：>10度；

（4）分辨率：飞行高度为1 500 m时能够分辨0.1 m的地面目标；

（5）光谱范围：可见光和近红外波段；

（6）像元尺寸：<2 μm。

三、设计思路

1. 系统结构及参数确定

（1）接收器件的选择

无人机接收器件主要分为两种，一种是胶片记录，一种是图像传感器。胶片记录的分辨率高，但是实时性差，图像后处理过程相对复杂，因此现在一般都不采用这种记录方式。图像传感器多用CCD和CMOS这两种器件，其中CCD的优势在于成像质量好、清晰度高，在相同像素下具有更好的成像通透性、明锐度、色彩还原和曝光准确性。但是CCD的制造成本和功耗都较高。CMOS影像传感器的优势是电源功耗低，与周边电路的整合性高，并且成本相对较低，但是相比CCD，CMOS的信噪比和光电灵敏度都不高，成像品质较差。不过随着CMOS传感器技术的不断发展，分辨率与灵敏度方面的不足得以改善，与CCD器件成像效果的差别已经不是很大了，且逐渐有替代CCD器件的趋势。因此，在本例中使用CMOS作为无人机的接收器件。

（2）焦距、视场角、像元和分辨率的关系

设无人机的航高为H，物镜焦距为f'，地面分辨率对应n个像元，则有：

$$\frac{f'}{H}=\frac{\text{单个像元尺寸}\times n}{\text{地面分辨率}} \tag{4.3.1}$$

将技术要点代入此式，就可以得到物镜焦距。

设相机的视场角为θ，物镜焦距为f'，图像传感器靶面尺寸为L，则有

$$\theta=2\ \arctan\frac{L}{2f'} \tag{4.3.2}$$

如果要满足技术要点，则可以根据此式来选择物镜焦距和图像传感器的靶面尺寸。

2. 物镜光学系统设计

（1）光学系统选型

综合考虑系统技术要求、加工和装调难度以及制作成本，我们对光学系统的结构形式进行选择。通常的无人机载航拍光学系统有折射式、反射式和折返式三种。其中折射式系统的成像质量高且视场角大，但是系统整体体积偏大。折返式系统虽然可以小型化，但是视场角小且存在光学遮拦。反射式系统整体体积小，但是加工和装配难度大。综合考虑成像质量和成本，采用折射式系统更为合适，既能降低装调难度，又能提高成像质量。

（2）物镜的设计思路

由于无人机载航拍光学系统需要有较高的分辨率，因此相较于常规的物镜，机载物镜在设计中要在兼顾加工、装调的公差要求的同时保证分辨率。在物镜的设计中，可以

通过控制初级像差来降低公差灵敏度，在物镜像差校正阶段控制各元件表面均匀承担初级像差，并且各元件表面的初级像差值在满足像质设计要求的前提下尽量要以小像差值相互抵消，在 ZEMAX 中设计好基本面型之后，再对物镜进行优化，使得成像精度更高。

3. 图像后处理算法

（1）去噪算法

机载成像系统在图像生成和传输的过程中不可避免地会出现噪声，使得图像的质量变差，因此对获得的图像进行去噪处理就非常重要了。噪声的来源主要分为三个方面：

① 元器件内部在工作过程中电子随机热运动产生的高斯噪声，通常用均值为零、一定强度方差的高斯白噪声来表示；

② 成像传感器光电转换过程中由于光照的影响会产生泊松噪声，尤其弱光照射时噪声更严重，通常采用泊松密度分布的随机变量来表示它；

③ 成像过程在感光过程中产生的颗粒噪声，通常也采用高斯白噪声来表示。

由此可见，高斯噪声是最为普遍且主要的一种噪声。高斯噪声可以利用小波变换（Wavelet Transform，WT）和奇异值分解（Singular Value Decomposition，SVD）的方法来进行去除。其中小波变换具有低熵性、多分辨率性、去相关性和选择基底的灵活性等优势，在保持短时傅里叶变换局部化的优良思想的同时克服了窗口大小不随频率变化的缺点，能够提供一个随频率改变的“时间 – 频率”窗口，是进行信号时频分析和处理的理想工具。奇异值分解是线性代数中一种重要的矩阵分解，是特征分解在任意矩阵上的推广，在信号处理、统计学等领域有重要应用。图像矩阵经奇异值分解后，将在其左奇异值矩阵上作正交投影，可将矩阵信息分解到一系列奇异值和奇异值矢量对应的子空间中。由于噪声的能量比较小，其对应的奇异值也相对较小，通过去除较小奇异值，并在有效的信号子空间上重建图像矩阵，从而去除噪声。

（2）模糊图像复原算法

在无人机载航拍光学系统拍摄的过程中，由于环境因素、机体振动、气流扰动等因素，会造成图像质量的下降和信息的丢失，曝光期间的相对运动还会引起成像模糊。为了减小这些因素对最终成像效果的影响，需要对拍摄的模糊图像进行复原。运动模糊图像的复原需要经过傅里叶变换、滤波和傅里叶逆变换等环节，如图 4.3.2 所示，目前常用的复原方法有逆滤波复原、维纳滤波复原和 Lucy–Richardson 复原，经过复原之后可以减小噪声，优化成像质量。

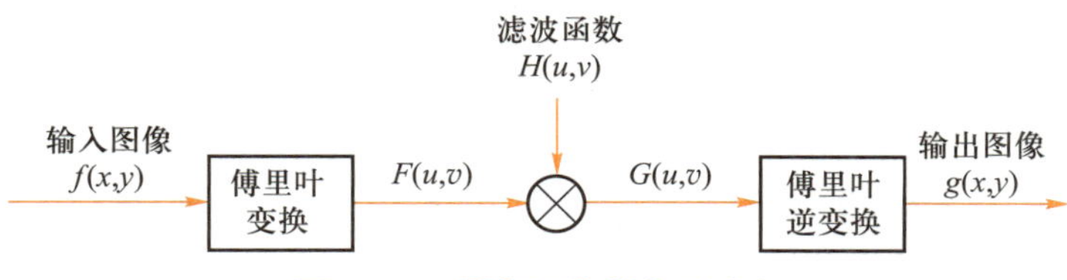

图 4.3.2 模糊图像的复原流程

四、设计结果

请你自行设计无人机载航拍光学系统,并附上以下图表:

（1）光学系统结构图;

（2）透镜参数表;

（3）光学传递函数图;

（4）点列图;

（5）能量包络图;

（6）畸变图。

4.4 智慧农业半球形超大视场广角监控镜头设计

实验 4.4
数字资源

一、背景分析

在智慧农业的发展中，很重要的一环是对农业生产过程有效地实现信息化监管。系统需要利用摄像头对关联项目的内容进行监控和分析，实现农业生产现场的环境参数远程监控和可视化远程诊断，一方面可以对农业生产过程进行实时监控，对现场发生的情况早知道、早处理；另一方面也可以为农业机器人提供实时反馈，避免人力、物力资源的消耗，为农业机器人的大面积应用提供良好的解决方案。

在对农业生产过程的监控中，需要全空域全时域实时信息的获取，常规的视场已经不能满足智慧农业系统的需求。虽然在很多的应用场景中，可以通过相机运动或者画面拼接来达到大视场的目的，但是在农业生产中，相机的运动一是容易出现死角且后处理过程复杂，二是养殖的动物对环境特别敏感，相机的运动可能会对畜禽产生影响。因此为了能观察到更大的范围、捕捉到更多的信息，广角镜头这类视场很大的光学镜头出现了。我们一般认为全视场角在 60° 以上的镜头为广角镜头。现在的广角镜头绝大部分是基于 Biogon 镜头演变而来的，Biogon 镜头采用了八片五组结构，拥有非常好的分辨率，对畸变的校正能力十分好，基本上可以忽略形变，随着计算机辅助设计的引入，广角镜头的设计效率和质量都有了快速提高。

二、技术要点

设计一个半球形超大视场广角监控镜头，技术要求如下：

（1）视场角：>200°；

（2）焦距：<5 mm；

（3）F 数：2.8；

（4）MTF 值：>0.5@125 lp/mm；

（5）相对照度：>40%；

（6）波长：可见光范围 470~700 nm；

（7）透过率：>80%；

（8）畸变：<0.5%；

（9）系统总长：50 mm。

三、设计思路

1. 初始结构选择

想要设计一款性能优良的光学仪器，往往要选择一个合理的光学结构作为光学设计的初始结构。虽然一些简单架构的镜头的初始结构可以计算得到其外形和架构，但是对于实际应用中的镜头而言，计算的过程过于烦琐复杂，工作量太大，因此初始结构可以从书上或者专利文章中查找前人的构架中与设计要求接近的结构作为初始结构进行优化。根据设计要求，日本专利 JP，2009-128654 符合其要求，可以作为初始结构（图 4.4.1）。找到初始结构之后，我们使用 ZEMAX 软件对初始结构进行模拟分析。

如果使用非球面镜，可以有效减小透镜质量，并且很好地校正像差。但是非球面镜的生产成本太高，因此在实际设计中将所有非球面镜都替换为球面镜，通过增加球面镜的镜片数量来起到减小像差的作用。利用 ZEMAX 软件对初始结构进行初步优化，并观察初始结构的 MTF 曲线。

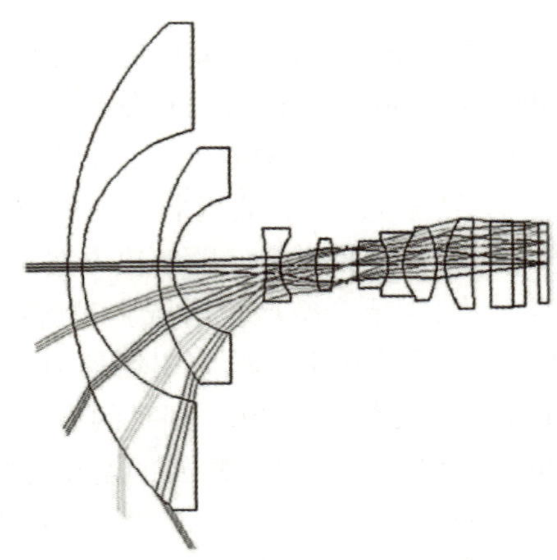

图 4.4.1 专利初始结构图

2. 优化设计

初始结构可能达不到成像像质的要求，且在大视场下的畸变难以控制，因此需要对初始结构进行优化。

（1）首先对 MTF 曲线进行优化，通过 ZEMAX 软件中的 TTHI 和 ETGT 等操作数约束镜头的基本外形结构，利用 MTFT、MTFS 操作数插入多个频率尝试提高 MTF。在自动优化的过程中，要打开自动更新功能，实时观测优化过程中 MTF 曲线的变化方向，适时停止，再根据 MTF 曲线修改操作数。

（2）在 MTF 曲线优化之后，需要对畸变进行控制优化。

（3）在得到成像质量良好的结构之后，对镜头材料进行替代优化，在优化过程中对材料进行逐次替代优化，避免因为同时进行材料优化而导致的优化失败。

（4）最后建立多重结构进行光学系统的离焦优化。将光学系统镜片的最后一面到像面的厚度作为多重结构的优化操作数，合理设置不同结构的权重，这样通过对多重结构的优化，符合离焦曲线优化的初衷，有利于离焦优化。

3. 像质的评价

优化完成之后在 ZEMAX 软件中分别打开 MTF 曲线图、点列图和畸变曲线图，查看优化结构。

四、设计结果

请自行设计半球形超大视场广角监控镜头，并附上以下图表：

（1）光学系统结构图；

（2）透镜参数表；

（3）光学传递函数图；

（4）点列图；

（5）能量包络图；

（6）畸变图。

4.5 植物工厂 LED 二次配光的自由曲面光学系统设计

实验 4.5
数字资源

一、背景分析

传统农业生产是面朝黄土背朝天的模式，土壤、阳光、水一个都不能少。而如今，传统的农业种植模式已很难解决日益增长的农产品需求和落后的农业生产方式之间的矛盾，于是智能植物工厂的种植模式被提出，通过对设施内温度、湿度、光照、营养液等环境条件的高精度控制，实现植物周年连续生产，使得植物的生长摆脱有限的耕地资源和气候环境的制约，利用先进的科学技术以最少的人力、物力进行高质量的农业生产。传统的补光系统采用的补光灯多为白炽灯、高压钠灯和荧光灯，这些补光灯虽然可以让植物正常生长，但是光质种类太杂，能源消耗高，其光谱中的大部分波长对农作物生长的促进作用极小，造成光能浪费，并不是理想的人工光源。近年来，光电技术不断更新，随着半导体照明技术的不断发展，LED（发光二极管）光源正逐步取代以卤素灯、白炽灯、荧光灯、高压气体放电灯等为主的传统光源。与其他光源相比，LED 光源具有安全环保、能耗低、高效节能、寿命长、响应时间短和色彩丰富等特点，在当今能源紧缺、环境污染的严峻形势下，LED 光源的节能和绿色环保特性越来越被人们重视，也更适用于植物工厂的应用。

为了更大程度利用 LED 芯片发光，并在照明区域内满足一定的设计要求，需要对 LED 光源进行光学设计。其中，二次配光设计是在一次光学设计的基础上将 LED 光源发出的光线重新分配，根据不同的应用需要，针对 LED 光源所发出的光的特点进行重新调整，以实现与设计目标相符的配光形式。二次配光设计主要有两种方法：试错法和数值法。试错法又称为经验法，主要是根据设计者的经验进行设计，经过多次仿真和分析光学器件的结构，设计出满足设计要求的产品。而数值法主要基于非成像光学理论，其主要设计流程如图 4.5.1 所示。目前数值法主要有剪裁法、多重表面同步设计法和网格划分法。

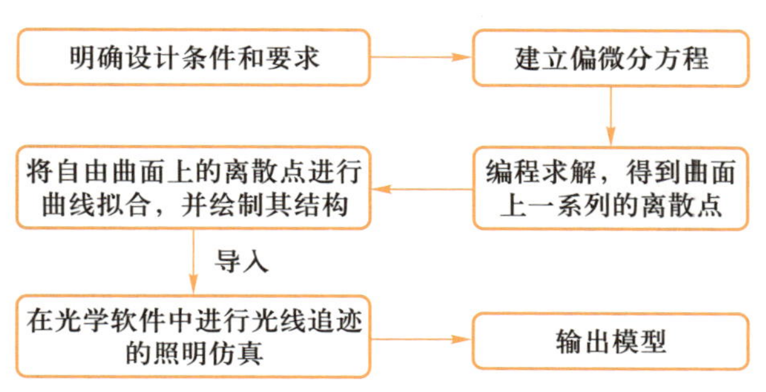

图 4.5.1 数值法进行二次配光设计的流程

二、技术要点

设计一个 LED 光源模块，能在生长架范围内为植物提供适宜的光环境。技术要求如下：

（1）正方形排布，生长架长 120 cm，宽 50 cm，层间高 30~45 cm；

（2）红绿蓝光质比：红绿蓝三种光的光质比在 5∶3∶2 至 4∶1∶0 之间；

（3）光源光照强度：150~300 μmol · m^{-2} · s^{-1}；

（4）准直角小于 5°；

（5）光效大于 70%。

三、设计思路

1. 光学系统初始结构的建模

（1）透镜曲面的构建

在 LED 光源照明中，透镜的作用是将发散角比较小的光线准直成平行光，在通常情况下会使用价格相对较低且光学性质较好的有机玻璃（PMMA）。由于 PMMA 的折射率为 1.493 5，在发散角过大的时候会导致曲面面型坍缩，无法对 LED 光源发出的光线进行较好的准直，因此规定沿光源光轴方向立体发散角在 45° 以内的光能够通过透镜的折射变成准直光。由于光源是旋转对称的，因此在设计中为了简化计算，只需要分析一个二维平面的一般光路特征，然后将计算得到的曲线绕光轴旋转 180° 即可。图 4.5.2 给出了通过透射曲面的光线之间的几何关系。

由图可以推导出入射光与水平面的夹角 θ_P 和 P 点切向量与水平面的夹角 θ_T 之间存在对应关系：

$$\theta_T=\arctan\left(\frac{n_1\cos\theta_P}{n_1\sin\theta_P-n_2}\right) \tag{4.5.1}$$

由此可以建立起一个自由曲面的 2D 曲线轮廓。

（2）反射曲面的构建

反射曲面与透射曲面类似，入射光和反射光存在如图 4.5.3 所示的光线之间的几何关系。

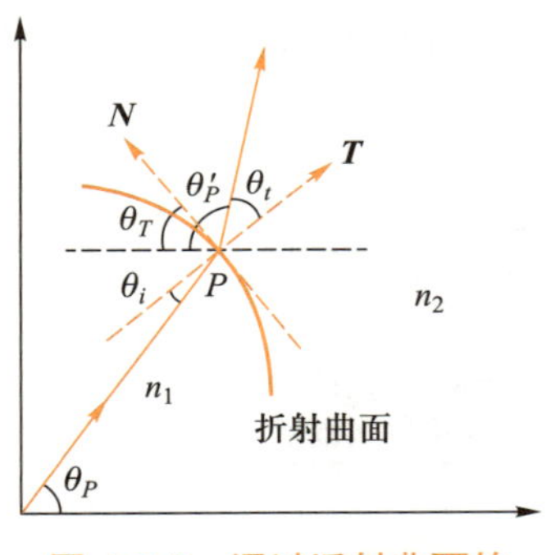

图 4.5.2 通过透射曲面的光线之间的几何关系

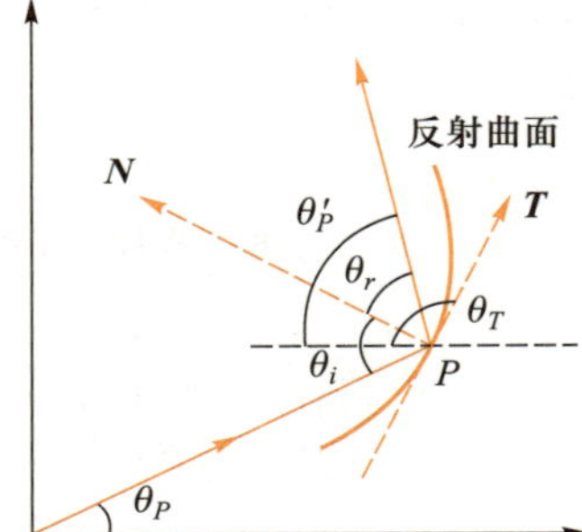

图 4.5.3 通过反射曲面的光线之间的几何关系

由图 4.5.3 可以推导出入射光与水平面的夹角 θ_P 和 P 点切向量与水平面的夹角 θ_T 之间存在对应关系：

$$\theta_T=\frac{4\pi}{3}-\frac{\theta_P}{2} \tag{4.5.2}$$

由此，只要给定曲面上的初始点以及入射光线的入射方向，就可以推得整个反射曲面的 2D 轮廓曲线。

（3）透射曲面与反射曲面的连接

将之前计算出的自由曲面 2D 轮廓曲线进行旋转，就可以得到 3D 的两张曲面，这两个曲面应该如图 4.5.4 所示，是由一个反射曲面和一个悬在反射曲面上空的自由曲面透镜组成。这样的系统会面临支撑透射曲面的问题，因此在实际设计中，需要透镜的透射曲面边沿和反射曲面边沿进行实体的连接。

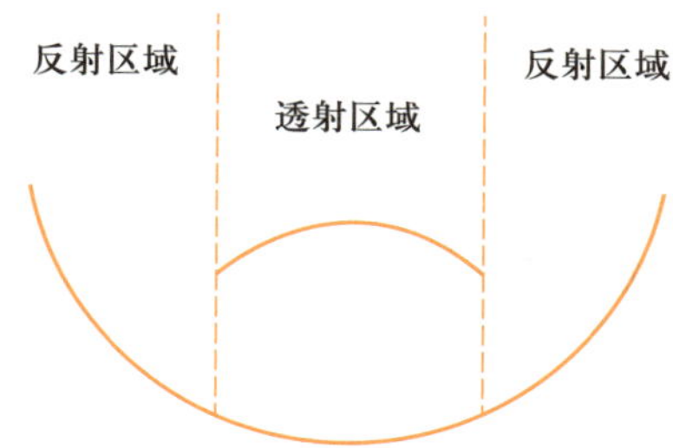

图 4.5.4 透镜曲面和反射曲面的准直光学系统示意图

如果将光源等效为一个点，根据光线的传播定律，当各向同性透明介质表面面型为球形时，光通过它是不会发生任何偏折的，因此可以选择球面作为透镜曲面和反射曲面的连接面。

（4）光学系统的初始结构

在建立光学系统的初始结构的时候，需要考虑到实际 LED 光源的大小。在满足设计要求的前提下，由于反射曲面的起始形值点与光源在同一水平面上，而透射曲面的起始形值点在中心光线处，因此先计算透射曲面面型，再根据透射曲面剖面曲线的终点与原点的距离确定连接球面的半径大小，最后计算反射曲面的面型。在 TracePro 中进行光学系统的模拟工作，来验证该初始结构是否达到设计要求。

2. 光学系统初始结构的优化设计

由于光学系统的各部分初始点多是由透射自由曲面透镜的厚度而发起的，因此在优化中以透镜厚度为单优化变量，简化优化算法。根据准直角、光效率和照度的设计要求对 LED 光源进行“模拟——优化——模拟”的循环操作，最终得到符合设计要求的 LED 光源。

3. 光源模块设计

（1）光源的排布与选择

常用的 LED 阵列有方形、三角形和环形三种，方形阵列更便于拼接拓展，更适用于照明植物。根据设计要求在边长为 50 cm 的方形区域内设计 LED 光源阵列模块，可以考虑不同的灯珠个数，常用的为 5 × 5 和 7 × 7 的方形混合阵列，根据光配方在阵列中合理安排红绿蓝 LED 灯珠的数量。对 LED 阵列进行建模，根据设计要求将光照接收面设置成与阵列距离为 30 cm。对接收面的入射光线进行辐照度分析，模拟 5 × 5 和 7 × 7 阵列的辐照度，选择整体辐照度高且均匀性好的阵列排布。

（2）光源对植物表面温度的影响

植物的生长发育会受到温度的影响。LED 光源照射在植物上也会释放热量，影响环境温度，从而影响植物的生长，如果 LED 光源的温度过高，甚至可能对植物造成伤害。因此在补光的时候,我们需要考虑 LED 光源对植物表面温度的影响,在制作好 LED 光源模块之后,设置不同的光照度,并在距离光源 30 cm 处测量温度,每隔 1 min 读取一下温度,选择适合植物生长的温度范围。

四、设计结果

自行设计植物工厂 LED 照明模块,并附上以下图表:

(1) 单灯珠光学系统结构图;

(2) 单灯珠透镜参数表;

(3) 单灯珠 TracePro 光线追迹图;

(4) 单灯珠探测面上的光能分布图;

(5) 单灯珠目标面上的光线发散角分布图;

(6) LED 光源阵列分布图;

(7) 阵列辐照度分析图。

4.6 作物氮素营养无损监测仪的光学系统设计

实验 4.6
数字资源

一、背景分析

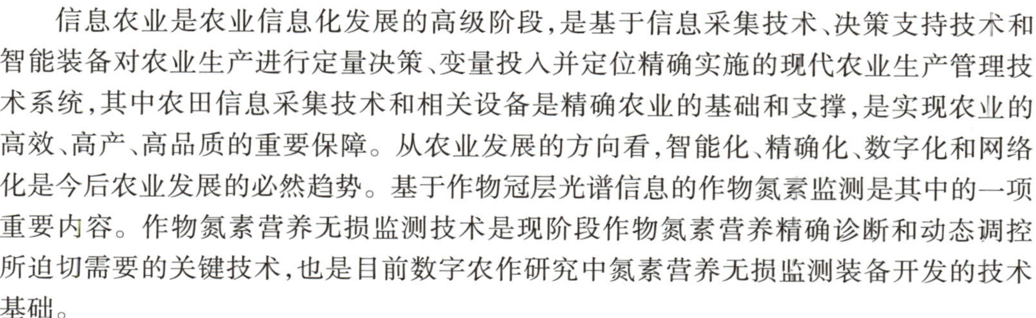

信息农业是农业信息化发展的高级阶段，是基于信息采集技术、决策支持技术和智能装备对农业生产进行定量决策、变量投入并定位精确实施的现代农业生产管理技术系统，其中农田信息采集技术和相关设备是精确农业的基础和支撑，是实现农业的高效、高产、高品质的重要保障。从农业发展的方向看，智能化、精确化、数字化和网络化是今后农业发展的必然趋势。基于作物冠层光谱信息的作物氮素监测是其中的一项重要内容。作物氮素营养无损监测技术是现阶段作物氮素营养精确诊断和动态调控所迫切需要的关键技术，也是目前数字农作研究中氮素营养无损监测装备开发的技术基础。

氮素是作物生长发育和产量品质形成所必需的营养元素。氮素营养是影响作物生长的最主要的限制因子之一，作物体内的含氮量占干物质量的 1%~5%，而作物每个产量因子的形成及其优劣都受其临界期的氮素供应所制约，同时作物产品的营养及经济品质均受到氮肥用量和运筹方式的调控。作物叶片的氮素状况直接影响作物的生长、产量以及品质的形成，快速、无损、实时地监测作物叶片特别是功能叶片的氮素状况对于作物生长监测与管理调控具有重要意义。植物组织中的各种化学组分分子结构中的化学键在一定辐射光能的照射下会发生振动，进而引起某些波长光谱吸收和发射产生差异，产生不同的光谱反射率，且此波长处光谱反射率的变化对该化学组分的含量多少非常敏感（敏感波段）。故可以通过测量作物氮素的敏感波段来预估作物的氮素营养状况。这正是作物氮素营养无损监测的原理。作物体内主要氮素形态敏感波段范围集中在可见光和红外线区域，这些不同波长的光照射到作物上时，就产生了特征化的氮素反射光谱。作物氮素营养无损监测的研发和应用正是基于作物氮素组分敏感光谱反射率与该组分含量或浓度的定量关系。建立基于氮素营养监测的作物氮素营养监测模型的过程如图 4.6.1 所示，在模型建立之后，根据探测到的光谱信息就能评价作物的氮素营养状况和生长状况。

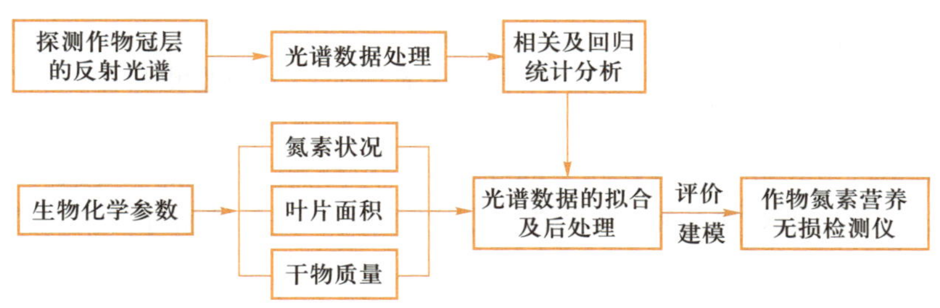

图 4.6.1 基于氮素营养监测的作物氮素营养监测模型的建立过程

二、技术要点

设计一个作物冠层的反射光学接收系统，能够探测和分析作物冠层的反射光谱，技术要求如下：

（1）物镜口径：10 mm；

（2）测距：1 330 mm；

（3）视场角：大于 25°；

（4）焦距：6.7 mm；

（5）相对误差：小于 0.5%；

（6）探测面光斑大小：实际测距增量 t=100 mm 时，圆斑直径小于 4×10^{-3} mm；当取 t=500 mm 时，圆斑直径小于 2×10^{-2} mm；

（7）工作波段：546 nm，660 nm，710 nm，810 nm，带宽小于 20 nm。

三、设计思路

1. 光学系统的总设计

（1）光学接收系统

光学系统的总体设计如图 4.6.2 所示，分为两个部分，一部分接收太阳的入射光，另一部分接收作物冠层的反射光。由于只需要测量四个波段，因此需要在探测器前增加带通滤光片进行滤波，使得探测器只接收设定波段的光谱信号。太阳光照射在作物冠层上，作物冠层本身接近全扩散表面的特征，可视作“朗伯面”，因此不需要设置漫射透射器。设置窗口镜是为了减弱菲涅耳反射的干扰，并防止环境中的水汽、灰尘等物体对系统内部的污染。

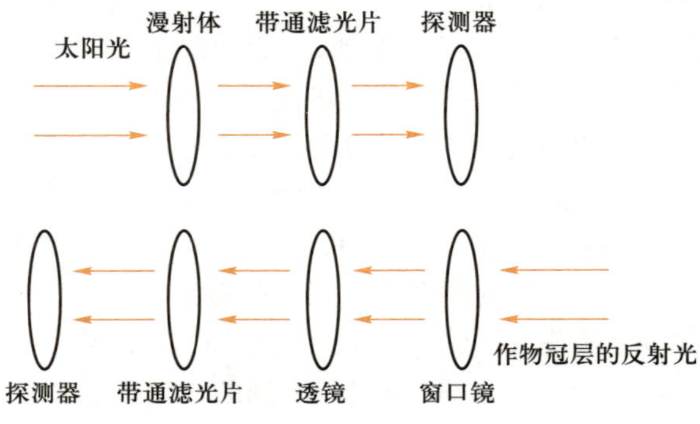

图 4.6.2 光学系统示意图

（2）探测器

在实际测量作物冠层的反射光时，很大一部分都是田间监测操作，这就需要探测器能够有效避免仪器晃动产生的测量误差，因此采用光电池作为光电探测器，同时要根据监测光谱的波长分布来选择相应的探测器。探测器的光敏面积过大，探测能力会下降，而如果过小，则对视场和物距有制约，因此需要根据系统实际的情况选择光敏探测器。

2. 作物冠层反射光学接收系统的参数设计

（1）视场角和物镜焦距

如果一个系统的视场直径是 D_0，测距是 U，最小光敏面直径为 d，则其视场半角 ω 和透镜焦距 f 的关系为

$$\tan\omega=\frac{D_0}{2U}=\frac{d}{2f} \tag{4.6.1}$$

由此可得

$$f=\frac{dU}{D_0} \tag{4.6.2}$$

（2）探测器的位置参数

探测器放置在像面的位置。根据设计要求，由于测距 U 远大于像距 V，因此探测器安装的位置接近焦平面。

（3）增大视场

在满足小测距的条件下，如果要增大视场，则需要减小焦距。根据组合透镜焦距的公式：$f=\frac{f_1 f_2}{f_1+f_2-s}$，其中 s 为透镜间距，可知采用两个透镜组合的方法，可以获得小焦距大口径的透镜，而且能在探测面上获得均匀分布的光场，提高探测器的信噪比。

3. 测距变化

在实际的田间测量汇总时，测距难以保持为一固定值，而测距的变化必然会引起探测器光斑大小的变化，导致探测光场均匀性不稳定，进而引起测量信号的变化和误差。如图 4.6.3 所示，当测距 U 变大或者变小的时候，像面就不在探测面上，光线经过光学系统之后在探测面上不再相交于一点，而是会形成一个圆斑，该圆斑无法完全落在光敏面上。通过适当匹配光学系统参数，能够有效减弱测距变化引起的误差，并将其控制在允许范围之内。

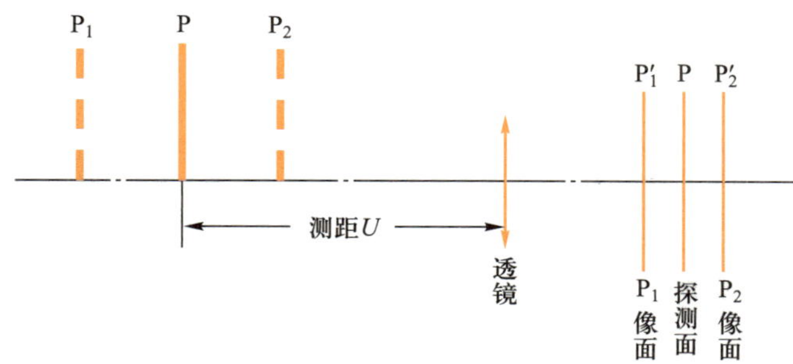

图 4.6.3 测距变化与像面移动的示意图

4. 结构设计与实例

（1）材料选择

由于只选取了四个特征波段，且带宽小于 20 nm，本身照明光的能量就很弱，再经过透镜和窗口玻璃的衰减，探测器接收到的能量会更弱，导致探测效果不好。因此需要选择透过率高的玻璃材料进行制作。

（2）透镜和探测器安装位置的调节与锁定

在加工和安装的过程中，相对位置的偏差会导致探测器的光斑质量下降，因此在光学系统中需要采用精密螺纹配合锁紧弹簧，在光测设备上调整并锁定透镜和探测器的安装位置。

四、设计结果

请自行设计作物氮素营养无损监测仪的光学系统,并附上以下图表:

(1)光学系统结构图;

(2)透镜参数表;

(3)点列图;

(4)能量包络图;

(5)探测距离改变的情况下的点列图和能量包络图。

附录

附表 1　常用物理常量表

物理量	符号	数值	单位	相对标准不确定度
真空中的光速	c	299 792 458	$m \cdot s^{-1}$	精确
普朗克常量	h	$6.626\ 070\ 15 \times 10^{-34}$	$J \cdot s$	精确
约化普朗克常量	$h/2\pi$	$1.054\ 571\ 817\cdots \times 10^{-34}$	$J \cdot s$	精确
元电荷	e	$1.602\ 176\ 634 \times 10^{-19}$	C	精确
阿伏伽德罗常量	N_A	$6.022\ 140\ 76 \times 10^{23}$	mol^{-1}	精确
摩尔气体常量	R	$8.314\ 462\ 618\cdots$	$J \cdot mol^{-1} \cdot K^{-1}$	精确
玻耳兹曼常量	k	$1.380\ 649 \times 10^{-23}$	$J \cdot K^{-1}$	精确
理想气体的摩尔体积（标准状态下）	V_m	$22.413\ 969\ 54\cdots \times 10^{-3}$	$m^3 \cdot mol^{-1}$	精确
斯特藩 – 玻耳兹曼常量	σ	$5.670\ 374\ 419\cdots \times 10^{-8}$	$W \cdot m^{-2} \cdot K^{-4}$	精确
维恩位移定律常量	b	$2.897\ 771\ 955 \times 10^{-3}$	$m \cdot K$	精确
引力常量	G	$6.674\ 30(15) \times 10^{-11}$	$m^3 \cdot kg^{-1} \cdot s^{-2}$	2.2×10^{-5}
真空磁导率	μ_0	$1.256\ 637\ 062\ 12(19) \times 10^{-6}$	$N \cdot A^{-2}$	1.5×10^{-10}
真空电容率	ε_0	$8.854\ 187\ 812\ 8(13) \times 10^{-12}$	$F \cdot m^{-1}$	1.5×10^{-10}
电子质量	m_e	$9.109\ 383\ 701\ 5(28) \times 10^{-31}$	kg	3.0×10^{-10}
电子荷质比	$-e/m_e$	$-1.758\ 820\ 010\ 76(53) \times 10^{11}$	$C \cdot kg^{-1}$	3.0×10^{-10}
质子质量	m_p	$1.672\ 621\ 923\ 69(51) \times 10^{-27}$	kg	3.1×10^{-10}
中子质量	m_n	$1.674\ 927\ 498\ 04(95) \times 10^{-27}$	kg	5.7×10^{-10}
里德伯常量	R_∞	$1.097\ 373\ 156\ 816\ 0(21) \times 10^{7}$	m^{-1}	1.9×10^{-12}
精细结构常数	α	$7.297\ 352\ 569\ 3(11) \times 10^{-3}$		1.5×10^{-10}
精细结构常数的倒数	α^{-1}	$137.035\ 999\ 084(21)$		1.5×10^{-10}
玻尔磁子	μ_B	$9.274\ 010\ 078\ 3(28) \times 10^{-24}$	$J \cdot T^{-1}$	3.0×10^{-10}
核磁子	μ_N	$5.050\ 783\ 746\ 1(15) \times 10^{-27}$	$J \cdot T^{-1}$	3.1×10^{-10}
玻尔半径	a_0	$5.291\ 772\ 109\ 03(80) \times 10^{-11}$	m	1.5×10^{-10}
康普顿波长	λ_C	$2.426\ 310\ 238\ 67(73) \times 10^{-12}$	m	3.0×10^{-10}
原子质量常量	m_u	$1.660\ 539\ 066\ 60(50) \times 10^{-27}$	kg	3.0×10^{-10}

注：表中数据为国际科学联合会理事会科学技术数据委员会（CODATA）2018 年的国际推荐值。

附表2 常用光源

光源名称	工作原理	光谱特性	注意事项
白炽灯	钨丝中通过电流，加热至白炽状态，产生热辐射。	连续光谱，包括可见光波段和近红外波段，肉眼看呈白色偏红黄。	方便，廉价，会发热，寿命短。
卤钨灯	钨丝灯泡内加入少量卤族元素，灯丝蒸发出的钨与卤族元素发生反应生成卤化钨，卤化钨扩散到灯丝周围又分解成卤族元素和钨，其中的钨重新沉积到灯丝上，延长灯的使用寿命，提高发光效率。	连续光谱，包括可见光波段和近红外波段，相较于白炽灯短波成分增多，比白炽灯光接近白色。	发光效率高，会发热，寿命长。
汞灯	汞蒸气弧光放电发光。	线光谱，包括404.7 nm、435.8 nm、491.6 nm、546.1 nm、577.0 nm、579.1 nm等。	需要配套电源和镇流器才能稳定工作，不要频繁开关。
钠灯	钠蒸气弧光放电发光。	线光谱，包括589.0 nm、589.6 nm两条。	需要配套电源和镇流器才能稳定工作，不要频繁开关，冷却后才可搬动。
氢灯	氢气辉光放电发光。	线光谱，包括410.2 nm、434.0 nm、486.1 nm、656.3 nm等。	注意高压安全。
氦氖激光器	以中性原子气体氦和氖作为工作物质，产生激光的为氖原子，不同能级受激辐射跃迁产生不同波长的激光。	实验室常用632.8 nm的单色光。	激光光强过强，应避免激光束直射入眼损伤视力。
LED灯	当电流通过晶片时，n型半导体内的电子与p型半导体内的空穴在发光层剧烈地碰撞复合产生光子，以光子的形式发出能量。	有连续谱的，也有线光谱的或者单色的，实验室常用的为连续谱的LED灯。	相对安全，但不要频繁开关。

参考文献